国家中等职业教育改革发展示范学校项目建设成果

基于工作过程电气技术应用专业改革丛书

丛书主编　张思源

单片机应用技术

主　编　张思源

副主编　王春丽　臧　莹

编　委　武　锦　杨明显　苗　伟

　　　　刘　杰　王俊贤

中国石油大学出版社
CHINA UNIVERSITY OF PETROLEUM PRESS

图书在版编目(CIP)数据

单片机应用技术 / 张思源主编. — 东营 ：中国石油大学出版社，2015.8

ISBN 978-7-5636-4877-1

Ⅰ.①单… Ⅱ.①张… Ⅲ.①单片微型计算机－职业教育－教材 Ⅳ.①TP368.1

中国版本图书馆 CIP 数据核字(2015)第 190324 号

书　　名：单片机应用技术
作　　者：张思源

责任编辑：方　娜(电话 0532—86983560)
封面设计：驻马店高级技工学校

出　版　者：中国石油大学出版社(山东 东营　邮编 257061)
网　　址：http://www.uppbook.com.cn
电子信箱：fangna8933@126.com
印　刷　者：沂南县汶凤印刷有限公司
发　行　者：中国石油大学出版社(电话 0532—86983584,86983437)
开　　本：185 mm×260 mm　印张：11.75　字数：282 千字
版　　次：2015 年 8 月第 1 版第 1 次印刷
定　　价：29.80 元

单片机是中等职业学校、技工院校机电一体化专业课程。其主要任务是：使学生掌握单片机应用的基本技能，具备分析和解决单片机技术问题的能力，为专业技能课程的学习打好基础。

本书根据"国家中等职业教育改革发展示范学校建设计划"，秉承"校企双制，工学结合，能力为本"的教学理念，积极探索理论和实践相结合的一体化教学模式。本书采用以 SP51 单片机中的典型工作任务为驱动的教学方法，在每一个工作任务中创设实际工作场景，由学生扮演不同的工作角色，将 SP51 单片机技术的学习与生产中的实际应用相结合。以学生为主体，以老师为主导，让学生在"做中学、学中做"，通过完成工作任务进行工作岗位的技能训练，结合多元评价，培养学生的综合职业素质和能力，以适应电工技术快速发展带来的岗位变化，为学生可持续的职业能力发展奠定基础。同时，还积极引入"新材料、新工艺、新设备、新方法"等四新知识，摒弃和剔除已过时知识，体现当前技术发展水平，以满足实际生产的需要。

本书由张思源任主编，王春丽、臧莹、武锦、杨明显、苗伟、刘杰、王俊贤负责拟定大纲，统稿和定稿。在编写过程中，广东三向教学仪器制造有限公司的技术人员提供了典型工作任务和案例，参与了大纲的制定和部分章节的编写。在此,谨向为编写本书付出艰辛劳动的全体人员表示衷心的感谢!限于编者水平,内容难免有疏漏和不妥之处,敬请各位读者批评指正。

编　者

2015 年 5 月

目 录

任务一 认识单片机及开发环境的应用 ………………………………… 1

任务二 仿真软件 Proteus 的使用 …………………………………… 14

任务三 花样效果灯制作 ……………………………………………… 20

任务四 16×16 点阵显示 ……………………………………………… 29

任务五 4×4 阵列式键盘 ……………………………………………… 40

任务六 A/D 0809 转换实训 …………………………………………… 58

任务七 D/A 0832 转换实训 …………………………………………… 69

任务八 PCF8563 实时时钟/日历 …………………………………… 83

任务九 语音控制(录、放音) ………………………………………… 100

任务十 1602 液晶显示 ……………………………………………… 115

任务十一 12864 点阵图文液晶显示 ………………………………… 128

任务十二 交通灯制作 ………………………………………………… 145

任务十三 步进电机控制器制作 ……………………………………… 157

任务十四 电子时钟制作 ……………………………………………… 164

参考文献 ……………………………………………………………… 179

任务一
认识单片机及开发环境的应用

任务名称

认识单片机及开发环境的应用。

任务描述

通过对 MCS-51 系列单片机的剖析,使学生掌握单片机硬件、软件的基本概念和基本知识,单片机应用系统的设计和编程知识,用汇编语言进行程序设计的基本技能。培养学生分析和解决实际问题的能力。

能力目标

(1) 熟悉单片机引脚功能和使用基础知识。

(2) 了解单片机系统开发的工具。

(3) 掌握 MCS-51 单片机的总体结构。

(4) 掌握单片机最小应用系统的电路构成。

(5) 软件 VW 的简单入门使用。

知识平台

1. MCS-51 单片机引脚功能和使用基础知识

单片机是一种嵌入式微控制器(Microcontroller Unit),英文字母缩写为 MCU,最早是在工业控制领域中使用。它把微处理器(CPU)、随机存储器(RAM)、只读存储器(ROM)、定时/计数器、输入/输出电路和中断系统等电路集成在一块超大规模芯片上,构成一个完善的计算机系统。市场上的单片机种类繁多、性能各异,目前最流行的当数 Intel 公司的 MCS-51 系列单片机。它是 1980 年推出的 8 位高档单片机,与 MCS-48 系列相比,MCS-51 单片机无论在 CPU 功能还是存储容量及特殊功能部件性能上都要高出一等,是工业控制系统中较为理想的机种。早期的 MCS-51 单片机时钟频率为 12 MHz,目前与 MCS-51 单片机兼容的一些单片机的时钟频率达到 40 MHz 甚至更高。

使用较广泛的 AT89C51 单片机是 Atmel 公司生产的以 MCS-51 为内核的系列单片机。AT89S51 引脚功能和实物如图 1-1 所示,常用型号见表 1-1。它使用先进的 Flash 存储器代替原来的 ROM 存储器,时钟频率更高,有些型号还支持 ISP(在线更新程序)功能,性能优越,在自动控制系统、机电设备、家用电器等现代多功能产品中得到广泛使用。

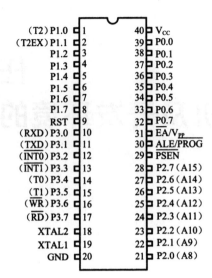

图 1-1　AT89S51 引脚功能和实物图

表 1-1　Atmel MCS-51 系列单片机型号

型　号	程序存储器	数据存储器	是否支持 ISP	最高时钟频率
AT89C51	4 kB Flash	128 B	否	24 MHz
AT89C52	8 kB Flash	256 B	否	24 MHz
AT89S51	4 kB Flash	128 B	是	33 MHz
AT89S52	8 kB Flash	256 B	是	33 MHz

　　MCS-51 系列单片机中的各类型引脚端子大同小异,使用 HMOS 工艺技术制造的单片机通常采用双列直插 40 引脚封装,在使用时需要注意,因受到集成电路芯片引脚数目的限制,有许多引脚具备第二功能,MCS-51 单片机具体引脚功能见表 1-2。

表 1-2　MCS-51 单片机引脚功能表

功能	名称	功　能　含　义
电源线 (2 根)	V_{CC}	正电源,为工作电源和编程校验
	V_{SS}	接地,接公共地端
端口线 (32 根)	P0.0～P0.7	第一功能:8 位双向 I/O 使用; 第二功能:访问外部存储器时,分时提供低 8 位地址和 8 位双向数据,在对 8751 芯片内 EPROM 进行编程和校验时 P0 口用于数据的输入和输出
	P1.0～P1.7	8 位准双向 I/O 口
	P2.0～P2.7	第一功能:8 位双向 I/O 口; 第二功能:访问外部存储器时输出高 8 位地址 A8～A15

功能	名称	功　能　含　义
端口线 （32 根）	P3.0～P3.7	第一功能：8 位双向 I/O 口； 第二功能：P3.0　串行数据输入端， 　　　　　　P3.1　串行数据输出端， 　　　　　　P3.2　外部中断 0 输入端， 　　　　　　P3.3　外部中断 1 输入端， 　　　　　　P3.4　定时/计数器 T0 外部输入端， 　　　　　　P3.5　定时/计数器 T1 外部输入端， 　　　　　　P3.6　外部数据存储器写选通信号， 　　　　　　P3.7　外部数据存储器读选通信号
控制线 （6 根）	ALE/PROG	地址锁存信号，访问外部存储器时 ALE 作为低 8 位地址锁存信号，PROG 为 8751 内部 EPROM 编程时的编程脉冲输入端
	PSEN	外部程序存储器的选通信号，当访问外部 ROM 时将产生负脉冲作为外部 ROM 的选通信号
	RST/V_{PD}	复位/备用电源线，当 RST 保持两个机器周期以上的高电平时单片机完成复位操作。V_{PD} 作为备用电源输入端，当 V_{CC} 断电或者降到一定值时备用电源自动投入，保证片内 RAM 的信息不丢失
	EA/V_{PP}	访问程序存储器的控制信号，当其为低电平时允许访问限定在外部存储器；当其为高电平时允许访问片内 ROM
	XTAL1	外接石英晶体和微调电容，使用外部时钟时接外部时钟源
	XTAL2	

2.单片机系统开发工具

单片机只是一个硬件，本身不具备开发和编程能力，没有程序就不会执行任何操作，要把编好的程序放进单片机里面，需要系统开发工具来完成。单片机系统开发工具主要由主机、仿真器和编程器等组成。通用型的单片机系统开发配备多种在线仿真头和相应的支持软件，在使用时只需更换系统中的仿真头，就可以开发相应的单片机系统或可编程器件。

（1）仿真器。

单片机在结构上不具备标准的输入输出装置，受存储空间限制难以容纳用于调试程序的专门软件，如果要对单片机程序进行调试，需要使用单片机仿真器。仿真器是通过仿真软件的配合，用来模拟单片机运行并进行在线调试的工具。它具备基本的输入输出装置，配备支持程序调试的软件，使得单片机开发人员可以通过单片机仿真器输入和修改程序，观察程序运行结果与中间值，同时对与单片机配套的硬件进行检测与观察，可以大大提高单片机的编程效率和效果。

早期仿真器有用于输入程序的专用键盘和显示运行结果的显示器。随着计算机的普及，现在仿真器大多数都是利用计算机作为标准输入输出装置，而仿真器本身成为微机和目标系统之间的接口，一端连接微机，另一端通过仿真头连接到单片机目标电路板。仿真方式从最初的机器码发展到汇编语言、C 语言，仿真环境也与计算机上的高级语言编程与调试环境非常类似。

伟福 SP51 型 MCS-51 专用 USB 仿真器（见图 1-2）是常用的一种仿真器，随机附带

POD-S8X5X 仿真头。它具备以下特点：

① Wave/Keil 双平台，中/英文可选。

② 集成编辑器、编译器、调试器。

③ 集成强大软硬件调试手段，包括逻辑分析仪、逻辑笔、波形发生器、计时器、程序时效分析、数据时效分析、硬件测试仪、事件触发器。

④ 调试环境支持汇编语言、C 语言、PL/M 源程序混合调试。

⑤ 支持软件模拟、项目管理、点屏功能。

⑥ 支持在线修改、编译、调试源程序，错误指令定位。

（2）编程器。

编程器的作用是把可编程的集成电路写入数据，主要用于单片机（含嵌入式）、存储器（含 BIOS）之类芯片的编程，平时也称为"烧写器"或者"烧录器"。一般程序编写完毕，经过仿真调试无误后就可以编译成十六进制或二进制机器代码，烧写入单片机程序存储器中，使得单片机能在目标电路板上正常运行。

编程器在功能上分通用编程器和专用编程器。专用编程器价格低，适用芯片种类少，适合只对某一种或者某一类专用芯片进行编程的场合，例如仅仅只对 MCS-51 系列单片机编程。通用编程器一般能够涵盖大多数常用的芯片，由于设计麻烦，成本较高，适合需要对很多种芯片进行编程的场合。

图 1-3 是双龙 RF-1800 编程器，该编程器的主要功能和特点是：

① 能对 EPROM、FLASHROM、EEPROM、串行 EEPROM、可编程逻辑阵列（PLD）、微处理器（MPU）等器件进行烧写。

② 能对 TTL74/75 系列、CMOS40/45 系列器件进行功能测试和型号查找。

③ 具备解密功能，可对 AT89C 系列单片机进行不可恢复加密。

④ 具有 32 通道逻辑仿真功能，可输出和采集输入 16 路波形。

图 1-2　伟福 SP51 仿真器　　　　图 1-3　双龙 RF-1800 编程器

3. MCS-51 单片机总体结构

MCS-51 单片机的总体结构如图 1-2 所示。单片机内部逻辑功能部件有中央处理器、振荡/分频器、程序存储器、数据存储器、定时器/计数器、中断控制系统、扩展功能控制电路、并行接口电路和串行接口电路，它们通过内部总线有机地连接起来。

（1）中央处理器（CPU）。

CPU 是单片机分析和运算的核心部件，是单片机的指挥中心，它的作用是读入和分析每条指令，根据每条指令的功能要求控制各个功能部件执行相应的操作。

（2）振荡器/分频器。

振荡器的作用是构成时钟振荡电路，产生时钟脉冲。分频器的作用是对时钟脉冲分频产生单片机所需的时基脉冲信号,它为单片机各种功能部件提供统一而精确的执行信号,是单片机执行各种动作和指令的时间基准,没有基准脉冲信号。MCS-51 单片机的时钟电路有内部时钟方式和外部时钟方式两种形式。

单片机的其他功能部件的结构、作用以及应用将在后续相关内容中进行介绍。

4.单片机最小应用系统

单片机最小应用系统是指维持单片机正常工作所必需的电路连接。对于含有片内程序存储器的单片机,将时钟电路和复位电路接入即可构成单片机最小应用系统,该系统接到＋5 V 电源就能够独立工作,完成一定的功能。下面以 Atmel 公司生产的单片机 AT89S51 为例,介绍单片机最小应用系统。

AT89S51 内部集成有中央处理器、程序存储器、数据存储器及输入/输出接口电路等,只需用很少的外围元件连接时钟电路和复位电路即可构成单片机最小应用系统。

时钟电路由 C2、C3、晶振 X1 与单片机内部电路构成。该振荡器为单片机内部各功能部件提供一个高稳定性的时钟脉冲信号,以便为单片机执行各种动作和指令提供基准脉冲信号。单片机时钟电路的作用好似心脏一样。

由 S0、C1 和 R1 构成单片机的上电复位加按键复位电路,作用是当单片机系统上电时复位,使单片机开始工作;当系统出现故障或死机时,用按键复位,使单片机重新开始工作。电路连接完成后,将程序写入单片机程序存储器,接上电源,单片机最小应用系统就可以工作了。

5.软件 VW 的简单入门使用

(1) ISP 在线下载安装与使用说明。

软件安装:

① 将光盘放入光驱中,找到名为"51 单片机 ISP 在线下载软件.EXE"的文件,根据提示安装。

② 安装完毕后,在桌面产生一个快捷方式"SLISP"，双击运行,弹出如图 1-4 所示的界面。

③ 通信参数设置及器件选择如图 1-5 所示。

④ 选择 ∗.HEX 文件,点击"编程"按钮,即可下载。

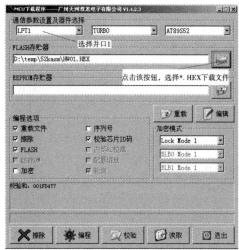

图 1-4　双击快捷方式界面　　　　图 1-5　通信参数设置及器件选择界面

硬件设置(单片机系统模块 D12):

① 模式开关设置,选择"编程"模式。

② 短路冒设置,"EA"与"＋5 V"连接。

③ 使用下载线时,确保仿真口没有连接仿真器数据线,并且将 P1 口相连的外部电路断开。

④ 编程完毕后,断开下载线,将开关打在"一般"模式,按复位键"RST",运行程序。

（2）伟福仿真器安装与使用说明。

仿真器外形结构如图 1-6 所示。

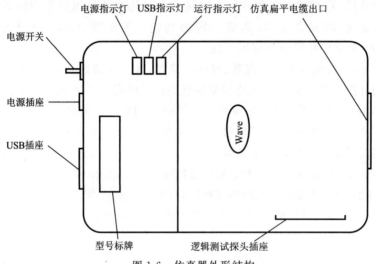

图 1-6　仿真器外形结构

① 伟福仿真器开发环境安装。

a. 将光盘放入光驱,光盘会自动运行,出现安装提示。

b. 选择"安装 WINDOWS"软件。

c. 按照安装程序的提示,输入相应内容。

d. 继续安装,直至结束。

若光驱自动运行被关闭,用户可以打开光盘的"\ICESSOFT\VW_SETUP\目录"文件夹,执行"SETUP. EXE"文件,按照安装程序的提示输入相应的内容,直至结束。

在安装过程中,如果用户没有指定安装目录,安装完成后,会在 C 盘建立一个"C:\VW"文件夹,目录结构见表 1-3。

表 1-3　C 盘目录

目　录	内　容
C:\VW	
├BIN	可执行程序及相关配置文件
├HELP	帮助文件和使用说明
└SAMPLES	样例和演示程序

② 伟福仿真器安装驱动程序。

a. 用 USB 连接线将 MCS-51 系列仿真开发器（以下简称仿真器）USB 端口与计算机 USB 端口连接。

b. 打开仿真器电源开关,POWER 红色指示灯常亮,RUN 绿色指示灯闪亮,计算机上的任务栏会出现发现新硬件,并自动弹出"找到新的硬件向导"对话框,如图1-7所示。

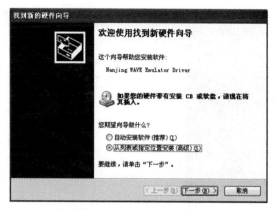

图1-7 找到新的硬件向导界面

c. 选择"从列表或指定位置安装(高级)(S)",点击下一步,选择"在搜索中包括这个位置",如图1-8所示。

d. 点击"浏览"按钮,弹出浏览文件夹对话框,找到伟福驱动程序(如 X:\ 伟福仿真器调试软件 \ DRIVER \ WINXP),点击确定,如图1-8所示。

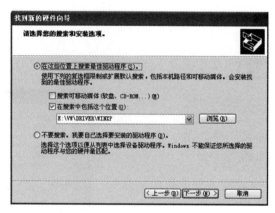

图1-8 选择搜索和安装选项界面

e. 回到上一步(找到新的硬件向导),点击下一步,选择列表中的硬件(如:Nanjing WAVE Emulator Driver),点击下一步,如图1-9所示。

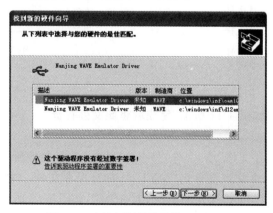

图1-9 选择与硬件的最佳匹配界面

f. 点击完成,任务栏中会出现新硬件已安装并可以使用的提示,如图 1-10 所示。

图 1-10 安装完成界面

③ 仿真软件快速入门。

a. 建立新程序。

选择菜单"文件|新建文件"功能,出现一个文件名为"NONAME1"的源程序窗口,在此窗口中输入以下程序:

```
        ORG     0
        MOV     A,♯0
        MOV     P1,♯0
Loop:
        INC     P1
        CALL    Delay
        SJMP    LOOP
Delay:
        MOV     R2,♯3
        MOV     R1,♯0
        MOV     R2,♯0
DLP:
        DJNZ    R0,DLP
        DJNZ    R1,DLP
        DJNZ    R2,DLP
        RET
        END
```

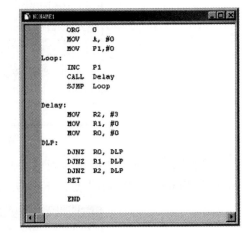

图 1-11 程序输入

输出程序后的窗口如图 1-11 所示,完成后将此文件存盘。

b. 保存程序。

选择菜单"文件|保存文件"或"文件|另存为"功能,选择文件所要保存的位置,例如"C:\Wave 6000\Samples",再输入文件名"MY1. ASM",保存文件。文件保存后,程序窗口上的文件名变成"C:\Wave 6000\Samples\MY1. ASM",如图 1-12 所示。

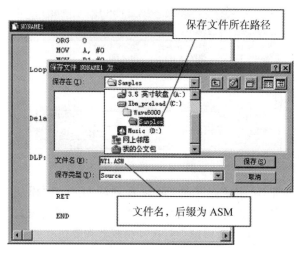

图 1-12　保存程序

c. 新建项目。

选择菜单"文件|新建项目"功能,新建项目分三步走。

(a) 加入模块文件。在加入模块文件的对话框中选择刚才保存的文件"MY1. ASM",点击打开按钮。如果是多模块项目,可以同时选择多个文件再点击打开按钮,如图 1-13 所示。

图 1-13　加入模块文件

(b) 加入包含文件。在加入包含文件对话框中,选择所要加入的包含文件(可多选)。如果没有包含文件,点击取消按钮,如图 1-14 所示。

图 1-14　加入包含文件

(c) 保存项目。在保存项目对话框中输入项目名称(MY1 无须加后缀,软件会自动将后缀设成"PRJ"),点击保存按钮将项目存在与源程序相同的文件夹下,如图 1-15 所示。

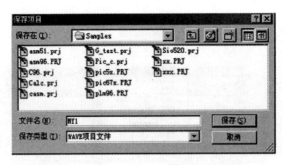

图 1-15　保存项目

项目保存好后,如果项目是打开的,可以看到项目中的"模块文件"已有一个模块"MY1.ASM",如果项目窗口没有打开,可以选择菜单"窗口|项目窗口"功能来打开。可以通过仿真器设置快捷键或双击项目窗口第一行选择仿真器和要仿真的单片机,如图 1-16 所示。

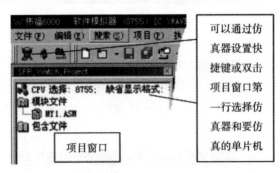

图 1-16　项目窗口

d. 设置项目。

选择菜单"设置|仿真器设置"功能或点击仿真器设置快捷图标或双击项目窗口的第一行来打开"仿真器设置"对话框。

在"仿真器"栏中,选择仿真器类型和配置的仿真头以及所要仿真的单片机,如图 1-17 所示。在"语言"栏中,"编译器选择"根据本例的程序选择为"伟福汇编器"。如果程序是 C 语言或 Intel 格式的汇编语言,可根据安装的 Keil 编译器版本选择"Keil C(V4 或更低)"或者"Keil C(V5 或更高)",点击"好"按钮确定。当仿真器设置好后,可再次保存项目,如图 1-18 所示。

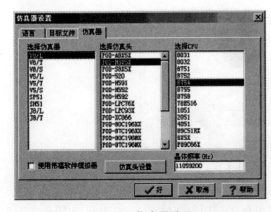

图 1-17　仿真器设置

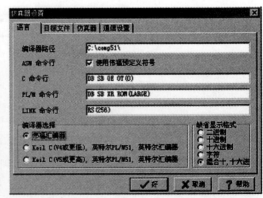

图 1-18　语言设置

e. 编译程序。

选择菜单"项目|编译"功能或点击编译快捷图标(F9 键)编译项目,如图 1-19 所示。

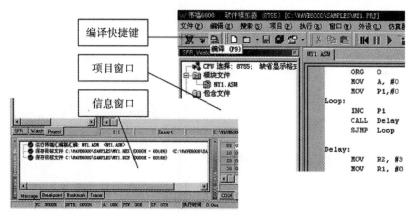

图 1-19 编译程序

在编译之前,软件会自动将项目和程序存盘。在编译过程中,如果有错可以在信息窗口中显示出来,双击错误信息,可以在源程序中定位所在行。纠正错误后,再次编译直到没有错误。在编译没有错误后,就可调试程序了,首先进行单步跟踪调试程序。

f. 单步调试程序。

选择"执行|跟踪"功能或点击跟踪快捷图标(F7 键)进行单步跟踪调试程序,如图 1-20所示。

单步跟踪就是一条指令一条指令地执行程序,若有子程序调用,也会跟踪到子程序中去。单步跟踪可以观察程序每步执行的结果,"⇒"所指的就是下次将要执行的程序指令。由于条件编译或高级语言优化的原因,不是所有的源程序都能产生机器指令。源程序窗口最左边的"·"代表此行是有效程序,此行产生了可以执行的机器指令。

程序单步跟踪到"Delay"延时子程序中,在程序行的"R0"符号上单击就可以观察"R0"的值,观察发现"R0"值在逐渐减小,如图 1-21 所示。因为当前指令要执行 256 次才到下一步,整个延时子程序要单步执行 3

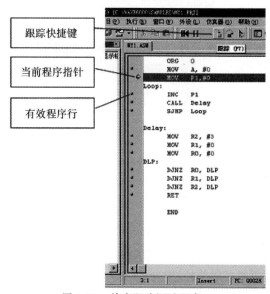

图 1-20 单步跟踪调试程序

×256×256 次才能完成,可见单步执行速度很慢,如图 1-22 所示。

"执行到光标处"的功能可以将光标移到程序想要暂停的地方,以延时子程序返回"SJMP Loop"行为例进行说明。选择菜单"执行|执行到光标处"功能或 F4 键或弹出菜单的"执行到光标处"功能,程序全速执行到光标所在行(见图 1-23)。如果下次不想单步调试"Delay"延时子程序里的内容,按 F8 键单步执行就可以全速执行子程序调用,而不会一步一步地跟踪子程序。如果觉得按 F8 键单步执行麻烦,还可以移动光标到暂停行再按 F4,如果程序太长,每次移动光标太累,那就设置断点(见图 1-24)。

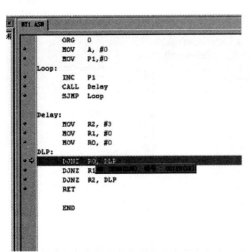

图 1-21　R0 值逐渐减小

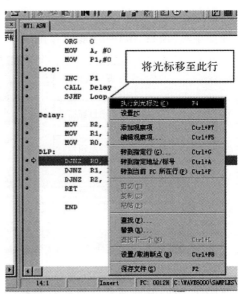

图 1-22　延时子程序单步执行

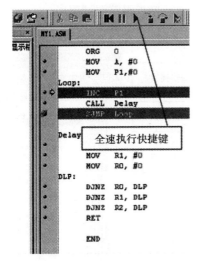

图 1-23　程序全速执行到光标所在处

图 1-24　设置断点

　　将光标移到源程序窗口的左边灰色区，光标变成"手指圈"，单击左键设置断点，也可以用弹出菜单的"设置/取消断点"功能或用 Ctrl＋F8 组合键设置断点。有效断点的图标为"红圆绿勾"，无效断点的图标为"红圆黄叉"。断点设置好后，就可以用全速执行功能全速执行程序，当程序执行到断点时会暂停下来，这时可以观察程序中各变量的值及各端口的状态，判断程序是否正确。

　　本例是将 P1 端口加 1，然后延时，再重复，这样 P1 就是一个二进制加法器，若 P1 口接发光二极管，二极管会发亮。

　　以上是用软件模拟方式来调试程序。如果想要用仿真器仿真，就要连接上仿真器。

　　g. 连接硬件仿真。

　　按照说明书，将仿真器通过 USB 电缆连接到计算机上，将仿真头接到仿真器上，检查接线是否有误，确认没有接错后，接上电源，打开仿真器的电源开关。

参见步骤 d 设置项目,在"仿真器"和"通信设置"栏的下方有"使用伟福软件模拟器"的选择项,将其前面框内的钩去掉。点击"好"按钮确认,如图 1-25 所示。

如果仿真器和仿真头设置正确,并且硬件连接没有错误,就会出现如图 1-26 所示的硬件仿真确认对话框,并显示仿真器、仿真头的型号及仿真器的序列号,表明仿真器初始化正确。如果仿真器初始化过程中有错,软件就会再次出现仿真器设置对话框,这时应检查仿真器、仿真器的选择是否有错,硬件接线是否有错,纠正错误后,再次确认,直到显示如图 1-26 所示的硬件仿真确认对话框。

现在用硬件仿真方式来调试这个程序,因为程序是对 P1 端口加 1 操作,可以打开外设的端口窗口来观察 P1 口。方法是选择主菜单"外设|端口"功能打开端口窗口,重新编译程序,全速执行程序,因为有断点,程序会暂停在断点处。通过观察端口窗口发现,P1 口值会发生变化。再次全速执行,观察 P1 口的变化。同时也可以用电压表去测量仿真头的 P1 管脚,可以看到 P1 管脚也随之发生变化。点击端口窗口的 P1 口的白框来改变 P1 口的值,再次运行程序,P1 从改变后的值加 1(P1 口值也可以从 SFR 窗口观察、修改),如图 1-27 所示。

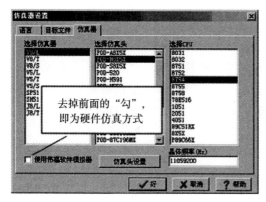

图 1-25　仿真器设置

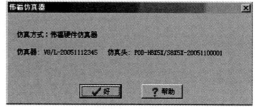

图 1-26　硬件仿真确认对话框

如果用户已经有写好的程序,可以从步骤"c.新建项目"开始,将程序加入项目就能以项目方式仿真了。如果用户不想以项目方式仿真,则要先关闭项目,再打开程序,并且要正确设置仿真器、仿真头,然后编译、调试程序。

到此为止,伟福仿真环境的使用已经介绍完毕。在使用过程中,学习者应逐步提高自己的技能。伟福仿真器的更多功能可参考说明书的其他部分。

④ 硬件设置(单片机系统模块 D12)。

a.使用仿真器时需将 IC(集成电路)AT89S52 座锁紧开关松开或将 IC 从 IC 座中取出。

b.将下载线从下载口取出。

c.运行程序。

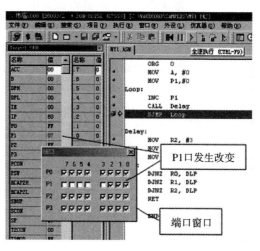

图 1-27　P1 值变化

任务二
仿真软件 Proteus 的使用

◆ 任务名称

仿真软件 Proteus 的使用。

◆ 任务描述

Proteus 软件是集集成电路设计、制版及仿真等多种功能于一体的嵌入式系统仿真平台，不仅能够对电工、电子技术学科涉及的电路进行设计与分析，还能够对微处理器进行设计与仿真。在单片机教学中引入 Proteus 仿真软件可以节约单片机教学成本，提高教学效果。

◆ 能力目标

(1) Proteus 软件介绍。

(2) 熟悉 Proteus 的工作界面。

(3) 掌握使用 Proteus 进行仿真电路图绘制的基本操作。

(4) 掌握放置电源及接地符号的方法。

(5) 掌握元器件之间的连线。

(6) 掌握编辑对象的属性。

(7) 掌握使用 Proteus 进行电路仿真运行的步骤。

◆ 知识平台

1. Proteus 软件介绍

由于单片机具有功能强、使用灵活、可靠性高、成本低、体积小、面向控制、具有智能化功能等优点，其应用极为广泛，已渗入到工业、军事、生活等各个领域。现代产品如汽车、机床、家电等的更新换代大多是电子技术特别是单片机技术在各类产品上的应用带来的。单片机性能开发已成为科技、工程领域的重要内容。目前各类学校普遍开设单片机课程。

在分析 Proteus 仿真软件特点的基础上，以 MCS-51 单片机为例，重点阐述了 Proteus 软件的仿真应用。

Proteus 嵌入式系统仿真与开发平台是由英国 Labcenter electronics 公司开发的，是目前世界上最先进、最完整的嵌入式系统设计与仿真平台。作为专业软件，其具有以下特点。

（1）符合单片机软件仿真系统的标准，并在同类产品中具有明显的优势。

（2）具有模拟电路仿真、数字电路仿真、单片机及其外围电路组成的系统仿真、RS232 动态仿真、I²C 调试器、SPI 调试器、键盘和 LCD 系统仿真的功能，有各种虚拟仪器，如示波器、逻辑分析仪、信号发生器等。

（3）目前支持的单片机类型有 68000 系列、8051 系列、AVR 系列、PIC12 系列、PIC16 系列、PIC18 系列、Z80 系列、HC11 系列以及各种外围芯片。

（4）支持大量的存储器和外围芯片。

总之，Proteus 软件是一款集单片机和 SPICE 分析于一体的仿真软件，功能极其强大，在单片机软硬件仿真调试中具有明显的优势。

2. Proteus 工作界面

双击桌面上的 ISIS 6 Professional 图标即可进入工作界面。工作界面包括标题栏、菜单栏、标准工具栏、绘图工具栏、状态栏、对象选择按钮、预览对象方位控制按钮、仿真进程控制按钮、预览窗口、对象选择器窗口、图形编辑窗口。

3. Proteus 基本操作

（1）将所需元器件录入对象选择器窗口。

单击对象选择器按钮█，弹出"Pick Devices"页面，由于软件元件库中没有 AT89S51，所以在"Keywords"中输入 AT89C51（AT89S51 与 AT89C51 兼容），系统在对象库中进行搜索查找，并将搜索结果显示在"Results"中。在"Results"的列表项中，双击 AT89C51，即可将 AT89C51 添加至对象选择器窗口。

接着在"Keywords"栏中重新输入 LED，选中"Match Whole Words"，双击"LED－RED"，则可将"LED－RED"（红色发光二极管）添加至对象选择器窗口。按同样方法，将其他所需的元件加入对象选择器窗口。单击"OK"按钮，结束对象选择。

（2）放置元器件至图形编辑窗口。

在对象选择器窗口中，点击选中 AT89C51，将鼠标置于图形编辑窗口中该对象的欲放位置，单击鼠标左键，该对象完成放置。按照相同操作，将电容 CAP、晶振 CRYSTAL 等其他元件放置到图形编辑窗口。由于发光二极管需要 8 个，所以点击选中发光二极管后，在图形编辑区域适当的位置再反复点击放置 7 次，此时总共放置了 8 个发光二极管，标示系统会自功区分二极管的名称。使用同样的方法可以放置其他元件。

（3）移动、删除对象和调整对象朝向。

将鼠标移到该对象上，单击鼠标右键，此时我们已经注意到，该对象的颜色已变成红色，表明该对象已被选中。按下鼠标左键，拖动鼠标，将对象移至新位置后，松开鼠标完成移动操作。选中对象后，再次右击鼠标即可将对象删除。

选中对象后，用鼠标左键点击旋转按钮可以使对象旋转，点击镜像按钮可以使对象按 X 轴或 Y 轴镜像。

4. 放置电源及接地符号

许多器件从外观上看没有 V_{CC} 和 GND 引脚，其实它们并非真的没有，只是隐藏了，在使用的时候可以不用加电源。如果需要加电源可以点击工具箱的接线端按钮█，这时对象选择器将出现一些接线端，在器件选择器里点击 GROUND，鼠标移到原理图编辑区，左键点击一下即可放置接地符号，同理也可以把电源符号 POWER 放到原理图编辑区。

5．元器件之间的连线

Proteus 的智能化体现在画线的时候可以自动检测，以将电阻 R_1 的左端连接到 D_1 的右端为例进行阐述。当鼠标的指针靠近 R_1 左端的连接点时，跟着鼠标的指针就会出现一个"×"，表明找到了 R_1 的连接点，单击鼠标左键，移动鼠标（不用拖动鼠标），将鼠标的指针靠近 D_1 右端的连接点时，跟着鼠标的指针就会出现一个"×"，表明找到了 D_1 的连接点，同时屏幕上出现了粉红色的连接，单击鼠标左键，粉红色的连接线变成了深绿色，这条连线就完成了。

Proteus 具有线路自动路径功能（简称 WAR），当选中两个连接点后，WAR 将选择一个合适的路径连线。在连线过程中，我们可以用左击鼠标的方法来手动选择连线的路径。

同理，我们可以完成其他连线。在此过程的任何时刻都可以按 ESC 键或者单击鼠标的右键来放弃画线。

6．编辑对象的属性

对象一般都具有文本属性，这些属性可以通过一个对话框进行编辑。编辑单个对象的具体方法是：先用鼠标右键点击选中对象，然后用鼠标左键点击对象，此时出现属性编辑对话框。电阻的编辑对话框中可以改变电阻的标号、电阻值、PCB 封装以及是否把这些东西隐藏等，修改完毕，点"OK"按钮即可。

设置完元件参数，电路硬件制作的计算机仿真就完成了。还有一些 Proteus 的基本操作可在软件使用中进一步学习，这里就不一一介绍了。

7．使用 Proteus 进行电路仿真运行的步骤

以 AT89C51 为控制芯片的交通灯电路为例，介绍利用 Proteus 软件实现电路的硬件设计、软件调试与系统仿真的方法，实现单片机控制电路的功能要求，完成对控制方案的验证。在单片机教学中，以上过程可以让学生进行电路与程序的调试，发现程序和电路设计过程中的问题，引起学生的思考，进而掌握解决这些问题的思路和方法，克服了老师反复讲解和演示的弊端，实现了单片机的一体化教学，且有了较好的教学效果。

（1）电路原理图设计。

运行 Proteus 软件，进入其编辑环境。单击元件列表区的 P 命令，弹出元器件选择（Pick Devices）对话框，调入所需元件仿真库。将电路中的所用元件从元器件库中调出来，放到绘图区并编辑其属性，进行合理的布局后就可以连线了。与使用 Protel 软件绘制原理图类似，Proteus 软件也具有自动捕捉节点和自动布线的功能，连线时当鼠标的指针靠近一个对象的引脚时，跟着鼠标的指针就会出现一个"×"提示符号，点击鼠标左键就可画线了，需要拐弯时点击鼠标左键即可，到终点时点击确认就画出了一段导线，所有导线画完后，再点击工具栏的按钮，添加上必要的电源和接地符号，原理图的绘制就完成了，交通灯电路原理图如图 2-1 所示。

（2）软件编程。

程序的流程图如图 2-2 所示，完成程序代码的具体方法如下。

通过菜单"Source→Add/Remove Source files"新建源程序文件"交通灯. ASM"；通过菜单"Source→交通灯. ASM"，打开 Proteus 提供的文本编辑器 Source Editor，在其中编辑如下源程序：

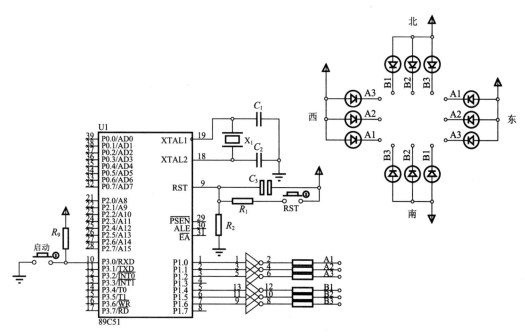

图 2-1 交通灯电路图

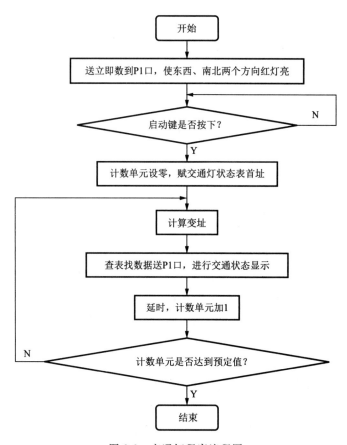

图 2-2 交通灯程序流程图

```
        ORG     00H
MAIN：  MOV     P1,#11H
        JB      P3.0,$
        MOV     R0,#0
        MOV     DPTR,#TAB
LP：    MOV     A,R0
        MOVC    A,@A+DPTR
        MOV     P1,A
        CALL    DELAY
        INC     R0
        CJNE    R0,#52,LP

TAB：   DB      14H,14H,14H,14H,14H,14H,14H,14H,14H,14H
        DB      14H,14H,14H,14H,14H,14H,14H,14H,14H,14H
        DB      10H,12H,10H,12H,10H,12H
        DB      41H,41H,41H,41H,41H,41H,41H,41H,41H,41H
        DB      41H,41H,41H,41H,41H,41H,41H,41H,41H
        DB      01H,21H,01H,21H,01H,21H
DELAY： MOV     R4,#10              ;(f_osc=12 MHz,T=1 μs)
D2：    MOV     R5,#125
D1：    MOV     R6,#200
        DJNZ    R6,$
        DJNZ    R5,D1
        DJNZ    R4,D2
        RET
        END
```

　　程序编辑好后,存入文件"交通灯.ASM"中。再通过菜单"Source→Build All"编译汇编源程序,生成目标代码文件。若编译失败,可对程序进行修改调试直至编译成功,产生"交通灯.HEX"文件。

　　(3)系统仿真。

　　在 Proteus 中,可以直接与 VW 编程软件进行联调,进而实现对设计电路的验证。本文主要采用 Proteus 自带编译系统进行仿真调试,具体步骤为:鼠标指针在单片机器件 AT89C51 上,双击该器件,在"Program File"栏中单击打开按钮,出现文件浏览对话框,找到"交通灯.HEX",添加文件。在弹出的属性编辑对话框"Clock Frequency"栏中把频率设定为 12 MHz。单击按钮 ▶ ,全速启动仿真,仿真运行结果如图 2-3 所示。

　　在进行电路模拟、数字电路仿真时,只需点击仿真运行按钮 ▶ 就可以了。当仿真单片机应用系统时,应先将应用程序目标文件载入单片机芯片中,再进行仿真运行。载入目标文件的方法是,先选中单片机芯片,再左击该芯片,在出现的对话框中点击按钮 ▣ ,出现文件选项对话框,然后双击由 VW 软件汇编生成的 HEX 目标文件,最后点击 OK 按钮,将目标文件载入单片机芯片中,就可以进行仿真运行了。

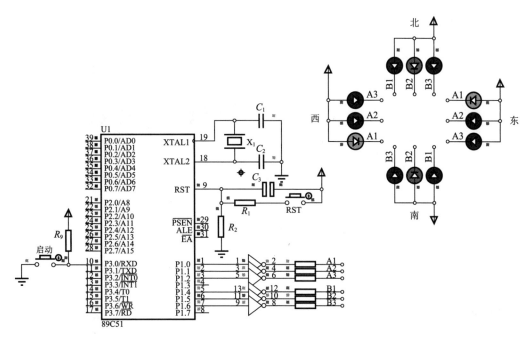

图 2-3 交通灯仿真电路运行结果图

任务三
花样效果灯制作

任务名称

花样效果灯制作。

任务描述

  应用单片机强大的控制原理能灵活设计 LED 发光管点亮电路,通过程序控制发光管的点亮效果,在不更改硬件连接的前提下可编程改变点亮的效果,电路简捷、可靠。采用 MCS-51 单片机控制的逻辑电平显示电路,8 个发光二极管按照一定的程序执行点亮,实现左移动、右移动和两边向中心靠拢或中心向两边散开的效果。实物图如图 3-1 所示,原理图如图 3-2 所示。

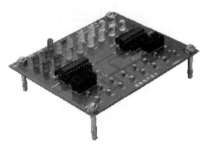

图 3-1 实物图

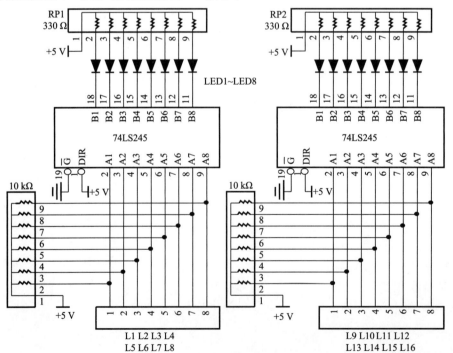

图 3-2 原理图

能力目标

(1) 熟悉 MCS-51 单片机的引脚功能和使用基础知识。

(2) 学会使用单片机系统开发工具。

(3) 熟悉 MCS-51 单片机指令。

(4) 能正确设计、仿真和烧写逻辑电平显示控制程序。

(5) 培养自主学习、团队协作、拓展创新能力。

知识平台

1. MCS-51 单片机基础知识

MCS-51 单片机基础知识同任务一,此处不再赘述。

2. 单片机系统开发工具

单片机系统开发工具同任务一,此处不再赘述。

3. MCS-51 单片机指令

MCS-51 单片机指令系统共有 111 条指令,具有功能强、指令短、执行快的特点。从功能上可划分成数据传送、算术操作、逻辑操作、程序转移位操作等五大类;从空间属性上可划分成单字节指令(49 条)、双字节指令(46 条)和三字节指令(16 条);从时间属性上可划分成单机器周期指令(64 条)、双机器周期指令(45 条)和四机器周期指令(只有乘法、除法 2 条)。

(1) 指令格式。

MCS-51 单片机指令主要由标号、操作码、操作数和注释四部分组成,格式如下。

START:　　　MOV　　　　A,♯64H　　　　;将立即数送累加器 A

[标号]　　　　[操作码]　　　[操作数]　　　　[注释]

在格式中,方括号的内容是可选部分,根据程序编写要求而定。

① 标号:是指令的符号地址,由 1～8 个 ASCⅡ字符组成,不是每条语句都需要。

a. 标号由不超过 8 位的英文字母和数字组成,头一个字符必须是字母。

b. 不能使用系统中已规定的符号。

c. 标号后面必须跟有英文半角冒号(:)。

d. 同一个标号在一个程序里只能定义一次,不能重复。

② 操作码:表明指令的作用与功能不能缺少,以助记符表示。

③ 操作数:给指令的操作提供数据或者地址,指令中操作数可以是 1 个、2 个或没有。

④ 注释:不生成可执行的机器代码,能增加程序的可阅读性,便于程序的调试与交流。

(2) 相关指令介绍。

① 设置目标程序起始地址伪指令 ORG。

ORG 是一条伪指令,伪指令语句是用于指示汇编程序如何汇编源程序,不产生可供计算机执行的指令代码(即目标代码),不算作单片机本身的指令,又称为命令语句。主要用来指定源程序如何分段、数据起始位置、寄存器的指向,定义数据,分配存储单元,等等。

通用格式:ORG　 <16 位地址>

指明后面程序的起始地址,总是出现在每段程序的开始处。

例如:ORG　0000H

　　LJMP　MAIN　　　　　　　　　　　;本条指令存放在从 0000H 地址开始的连续单元中

② 数据传送指令 MOV。

通用格式:MOV　＜目的操作数＞,＜源操作数＞

例如：MOV　A,♯0FH　;将立即数 0FH 送入累加器 A

③ 无条件转移指令 LJMP。

通用格式:LJMP　＜16 位程序存储器地址或以标号表示的 16 位地址＞

例如:LJMP　MAIN　　;转移到标号为 MAIN 处执行

其他无条件转移指令请查阅相关资料。

④ 子程序调用和返回指令 LCALL、RET。

子程序调用格式:LCALL　＜子程序的地址或标号＞

例如:LCALL　DELAY

子程序返回格式:RET

⑤ 移位指令 RR、RL。

循环右移格式:RR　A　　;将 A 中的内容循环右移一位

循环左移格式:RL　A　　;将 A 中的内容循环左移一位

循环移位指令示意图如图 3-3 所示。

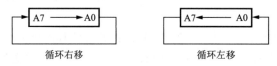

循环右移　　　　　　　　　　循环左移

图 3-3　循环移位指令示意图

任务实施

1.讨论决策、制订计划

小组成员集体讨论,得出实施决策,制订工作计划,合理安排工作进程。根据已学理论知识和操作技能,结合实习情景,填写工作实施计划(见表 3-11)。

表 3-1　逻辑电平显示工作计划

工作时间	共　　　小时	审核:	计划指南:
计 划 实 施 步 骤	①		制订计划需考 虑合理性和可行 性,可参考以下 工序: →程序编写 →仿真调试 →硬件装调 →创新操作 →综合评价
	②		
	③		
	④		
	⑤		

2.任务实施

（1）准备器材。

为完成工作任务,组员需要填写仪器仪表借用清单（见表 3-2）和电子元器件领取清单（见表 3-3）。

表 3-2　仪器仪表借用清单

任务单号：　　　　　　　　　　领料组别：　　　　　　　　　　年　　月　　日

序号	名称与规格型号	数量	借出时间	借用人	归还时间	归还人	管理员签名

表 3-3　电子元器件领取清单

任务单号：　　　　　　　　　　领料组别：　　　　　　　　　　年　　月　　日

序号	名称与规格型号	申领数量	实发数量	是否归还	归还人签名	管理员签名

（2）硬件制作。

① 使用高精度激光打印机打印 PCB 图,采用热转印方法制作电路板。

② 8 个发光二极管整齐排列安装,高度一致。

③ 单片机采用 40 引脚集成插座安装。

④ 时钟振荡元器件紧贴底板安装。

（3）程序编写。

输入以下程序进行仿真,观察仿真输出的效果,然后烧写入 MCS-51 单片机。

参考程序：

```
                ;P1 分别接 LED 灯
        ORG     0000H
        LJMP    MAIN
        ORG     0010H
MAIN：  MOV     A,#11111110B
        MOV     R7,#08
Q00：   MOV     P0,A
        LCALL   DELAY
        RL      A
        DJNZ    R7,Q00
        LJMP    MAIN
DELAY： MOV     R5,#0FFH
DELAY0：MOV     R4,#0FFH
```

```
DELAY1： MOV      R3,♯1
         DJNZ     R3,$
         DJNZ     R4,DELAY1
         DJNZ     R5,DELAY0
         RET
```

(4) 仿真和烧写。

程序调试的方法有两种：① 可以使用编程器把编译后的程序直接烧写入单片机，然后把装有程序的单片机安装到已装配好的硬件电路中，通电即可实现相应的功能，如果发现功能不对，则要重新编写程序，然后再次烧写，直到调试正常为止；② 通过仿真器先进行仿真调试，如果发现程序有问题，直接在计算机上修改，直到所有功能都正常后再烧写入单片机，对于支持 ISP 在线下载的单片机，可通过下载线实现程序烧写并进行验证，这种方法直观、高效，是目前流行的做法。程序仿真步骤见表 3-4。

表 3-4　程序仿真操作步骤

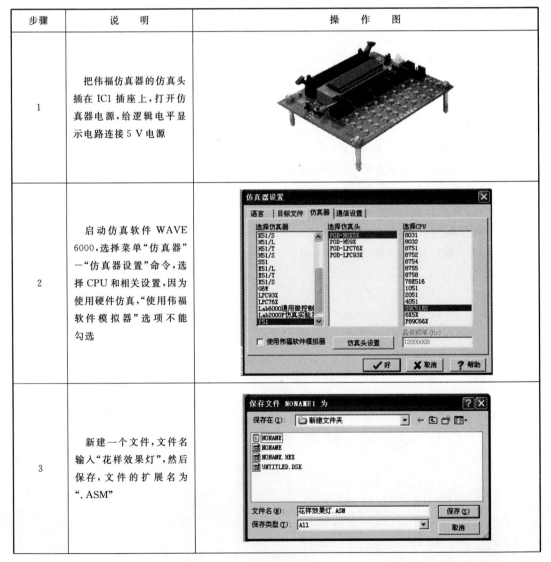

步骤	说　明	操　作　图
1	把伟福仿真器的仿真头插在 IC1 插座上，打开仿真器电源，给逻辑电平显示电路连接 5 V 电源	
2	启动仿真软件 WAVE 6000，选择菜单"仿真器"—"仿真器设置"命令，选择 CPU 和相关设置，因为使用硬件仿真，"使用伟福软件模拟器"选项不能勾选	
3	新建一个文件，文件名输入"花样效果灯"，然后保存，文件的扩展名为".ASM"	

续表 3-4

步骤	说 明	操 作 图
4	程序编译操作,当有出错的命令时,信息窗口会提示错误的行、错误代码和错误类型	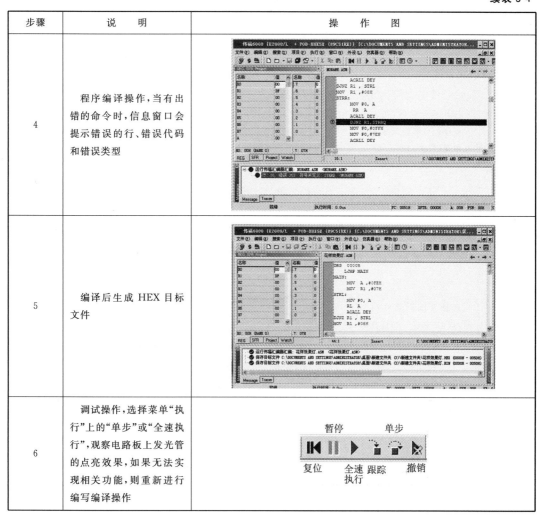
5	编译后生成 HEX 目标文件	
6	调试操作,选择菜单"执行"上的"单步"或"全速执行",观察电路板上发光管的点亮效果,如果无法实现相关功能,则重新进行编写编译操作	暂停　单步 复位　全速执行　跟踪　撤销

在调试过程中,可以采用单步与全速执行相结合的方法,这样能快速找到错误的位置,全速执行配合设置断点,可以确定错误的大致范围。单步执行能了解程序中每条指令的执行情况,对照指令运行结果即可知道该指令是否正确。当程序所有功能都正常后,进行烧写操作。程序烧写的操作步骤见表 3-5。

表 3-5 程序烧写步骤

步骤	说 明	操 作 图
1	把单片机按引脚方向要求插入编程器万用 IC 插座,压下锁紧杆锁紧,接通编程器电源	

续表 3-5

步骤	说　明	操　作　图
2	打开编程软件,在未调入程序前数据窗口显示所有单元值为"FF"	
3	选择要编程器件的型号,点击"选择"－"选择器件",选择 AT89S52,最后点击"选择"	
4	调入选择,点击"打开",可选择文件格式"HEX"或"BIN",调入前需清空缓冲区	
5	调入文件后,数据窗口显示单元有具体的数据	

续表 3-5

步骤	说　明	操　作　图
6	编程操作,点击"编程"菜单,有"自动编程""查空""编程""读出""校验""比较"等选项,可直接选择"自动编程"完成整个烧写操作或选择单项操作	
7	点击"自动编程"按钮,程序开始写入操作,完成后显示"100%",表示编程成功	

单片机写入程序后,按引脚号正确插入花样效果灯电路板的 IC1 插座。电路检查无误后,接上 5 V 电源,观察发光二极管点亮的效果。

接线图如图 3-4 所示。

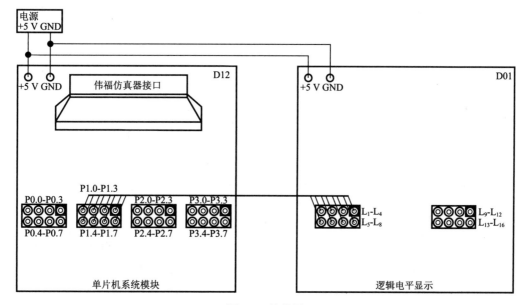

图 3-4　接线图

实训步骤如下。

① 依次将实训模块置入实训箱内部。

② 将仿真器数据线接入 D12 模块仿真器接口。

③ 接电源线:关闭实训箱 5 V 电源开关,将实训箱＋5 V、GND 分别接入每个实训模块。

④ 接信号线:P1(D12)模块接入 L_1～L_8(D01 模块)。

⑤ 检查电源线、信号线是否正确,如果正确则接通实训箱 5 V 电源开关,打开仿真器开关,运行程序,观察实训现象。

⑥ 实训现象:LED 灯循环点亮。

◆ 想一想

(1)初次尝试单片机电路制作,它和传统模拟电路、数字电路制作有什么异同?

(2)电路中发光二极管采用共阳极接法,若错装成共阴极接法,会发生什么现象?

(3)第一次进行单片机程序编写、仿真和烧写,你试了多少次才成功?有哪些要注意的操作?电路制作中有哪些好的方法、经验,结合自己的所见所遇,记录在表 3-6 中。

表 3-6　工作总结

正确装调方法	
错误装调方法	
经验总结	

◆ 知识拓展

本任务中发光二极管点亮效果只有四种,在实际产品中利用单片机强大的软件编程功能可以实现多种效果显示,比如循环点亮、两个二极管一起点亮、间隔点亮等。根据硬件电路连接方案,查阅相关资料,试编写多种效果灯程序,再通过仿真器仿真调试,试试能否制作成功。

任务四
16×16 点阵显示

❖ **任务名称**

16×16 点阵显示。

❖ **任务描述**

显示屏可用单个或多个点阵显示屏组成,显示内容经常变换,电路由 MCS-51 单片机和 74LS244 三态总线转换器组成,若要更改显示内容只需修改程序即可。使用 16×16 LED 发光管点阵显示,通过程序控制能显示各种静止或滚动的字符。点阵显示屏电路板原理图如图4-1所示,实物图如图 4-2 所示。

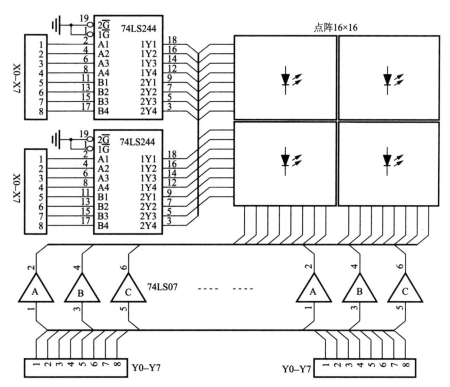

图 4-1 原理图

◆ 能力目标

（1）熟悉点阵显示模块的结构与原理。

（2）熟悉 74LS244 三态八缓冲器、总线驱动器、
总线接收器。

（3）能熟悉并动手编写简单字符显示程序。

（4）能制作点阵显示屏电路，能使用开发工具仿
真调试程序。

（5）培养自主学习、团队协作、拓展创新能力。

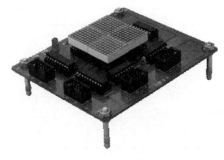

图 4-2　实物图

◆ 知识平台

1.点阵显示模块的结构与原理

LED 点阵显示屏是由发光二极管按一定的结构组合起来的显示器，在单片机应用系统
中通常用于显示字符或图形。16×16 点阵器是使用较多的一种，由 256 个发光二极管组
成，8×8 点阵器模块各个引脚的排列和外观如图
4-3 所示。现在厂家已经将 LED 封装在一个点阵
器的外壳中，为了减少外部引线，点阵模块内部已
经将其连接成矩阵形式，只将行线和列线引出，内
部连接如图 4-4 所示。市场上的 LED 点阵显示屏为
共阴和共阳两种，共阴或者共阳指的是行引出线为
共阴或者共阳。当需要使用 16×16 点阵器时可以
使用 4 片 8×8 点阵器拼接而成，如图 4-5 所示。

图 4-3　8×8 点阵器外观

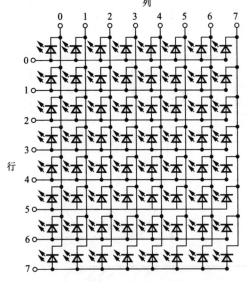

图 4-4　行共阳 8×8 点阵器内部结构图

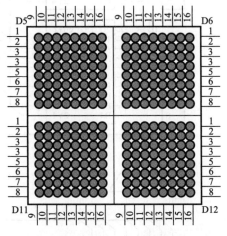

图 4-5　16×16 点阵器

点阵显示屏有单色和双色两类，可显示红色、黄色、绿色、橙色等。根据像素的数目分
为单色、双基色、三基色等，根据像素颜色的不同所显示的文字、图像等内容的颜色也不同。
单基色点阵只能显示固定色彩，如红色、绿色、黄色等单色，双基色和三基色点阵显示的颜

色由像素内不同颜色发光二极管点亮组合方式决定,如红绿都亮时可显示黄色,如果按照脉冲方式控制二极管的点亮时间,则可实现 256 或更高级灰度显示,可实现真彩色显示。

LED 点阵显示屏单块使用时既可代替数码管显示数字,也可显示各种中西文字及符号。如 5×7 点阵显示屏用于显示西文字母,5×8 点阵显示屏用于显示中西文,8×8 点阵显示屏用于显示中文文字和图形。用多块点阵显示屏组合则可构成大屏幕显示屏,但这类实用装置常通过微机或单片机控制驱动。

由内部结构可知,LED 点阵屏宜采用动态扫描方式驱动,分为点扫描、行扫描和列扫描三种。若使用第一种方式,其扫描频率必须大于 16×64＝1 024 Hz,周期小于 1 ms 即可。若使用第二和第三种方式,则频率必须大于 16×8＝128 Hz,周期小于 7.8 ms 即可符合视觉暂留要求。此外一次驱动一列或一行(8 个 LED)时需外加驱动电路以提高电流,否则 LED 亮度不够,尤其在白天很难看得见。

由于 LED 管芯大多为高亮度型,因此某行或某列的单体 LED 驱动电流可选用窄脉冲,但其平均电流应限制在 20 mA 内。多数点阵显示屏的单体 LED 的正向压降在 2 V 左右,但大亮点 ϕ10 mm 的点阵显示屏单体 LED 的正向压降约为 6 V。

大屏幕显示系统一般是将由多个 LED 点阵组成的小模块以搭积木的方式组合而成的,每一个小模块都有独立的控制系统,组合在一起后只要引入一个总控制器控制各模块的命令和数据即可,这种方法既简单又具有易展、易维修的特点。

LED 点阵显示系统中各模块的显示方式有静态显示和动态显示两种。静态显示原理简单、控制方便,但硬件接线复杂,在实际应用中一般采用动态显示方式,动态显示采用扫描的方式工作,由峰值较大的窄脉冲驱动,从上到下逐次不断地对显示屏的各行进行选通,同时又向各列送出表示图形或文字信息的脉冲信号,反复循环以上操作,就可显示各种图形或文字信息。

2.74LS244 三态八缓冲器、总线驱动器、总线接收器

74LS244 是三态总线转换器件,一般用于解决总线电平匹配方案,比如 5 V 器件要与 3.3 V 器件进行数据交换时,若存在 TTL 电平和 CMOS 电平不兼容的情况,中间用一片 74LS244 单向数据传送集成即可解决问题,可起到隔离和驱动保护的作用。内部逻辑图和引脚功能如图 4-6 所示。

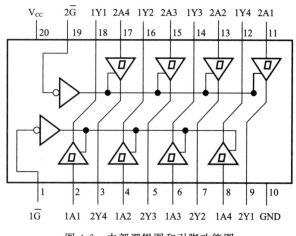

图 4-6　内部逻辑图和引脚功能图

主要引脚定义如下。

A1～A4:输入端;

Y1～Y4:输出端;

G:芯片使能端,当接低电平时输出等于输入,当接高电平时无论输入为何状态输出均为高阻状态。

功能表见表 4-1,L 为低电平,H 为高电平,Z 为高阻状态。

表 4-1　74LS244 功能表

输　　入		输　　出
G	A	Y
L	L	L
L	H	H
H	×	Z

74LS244 推荐工作条件见表 4-2。

表 4-2　54LS244/74LS244 工作条件

		54LS244/74LS244			单位
		最小	额定	最大	
电源电压 V_{CC}	54 系列	4.5	5	5.5	V
	74 系列	4.75	5	5.25	
输入高电平电压 V_{iH}		2			V
输入低电平电压 V_{iL}	54 系列			0.7	V
	74 系列			0.8	
输出高电平电流 I_{OH}	54 系列			−12	mA
	74 系列			−15	
输出低电平电流 I_{OL}	54 系列			12	mA
	74 系列			24	

❖ **任务实施**

1. 讨论决策、制订计划

小组成员集体讨论,得出实施决策,制订工作计划,合理安排工作进程。根据已学理论知识和操作技能,结合实习情景,填写工作实施计划(见表 4-3)。

表 4-3 点阵显示屏制作工作计划

工作时间	共 小时	审核：	
计划实施步骤	①		计划指南： 制订计划需考虑合理性和可行性,可参考以下工序: →编写程序 →仿真调试 →硬件装调 →创新操作 →综合评价
	②		
	③		
	④		
	⑤		

2.任务实施

（1）准备器材。

为完成工作任务,组员需要填写仪器仪表借用清单（见表 4-4）和电子元器件领取清单（见表 4-5）。

表 4-4 仪器仪表借用清单

任务单号：　　　　领料组别：　　　　年　月　日

序号	名称与规格型号	数量	借出时间	借用人	归还时间	归还人	管理员签名

表 4-5 电子元器件领取清单

任务单号：　　　　领料组别：　　　　年　月　日

序号	名称与规格型号	申领数量	实发数量	是否归还	归还人签名	管理员签名

（2）硬件制作。

① 使用高精度激光打印机打印 PCB 图,采用热转印方法制作电路板。

② IC1 和 IC2 采用集成插座安装,插装时注意引脚顺序是否正确。

③ 时钟振荡元器件紧贴底板安装,剪去过长的引脚。

（3）实训步骤。

① 依次将实训模块置入实训箱内部。

② 将仿真器数据线接入 D12 模块仿真器接口。

③ 接电源线:关闭实训箱 5 V 电源开关,将实训箱＋5 V、GND 分别接入每个实训模块。

④ 接信号线:使用四条排线将单片机 P0 口接 X0～X7(左上),P1 接 X0～X7(左下),P2 口接 Y0～Y7(左),P3 口接 Y0～Y7（右）。

⑤ 检查电源线、信号线是否正确,如果正确则接通实训箱 5 V 电源开关,打开仿真器,运行程序,观察实训现象。

⑥ 实训现象:显示汉字"广东三向教仪"。

（4）程序编写。

16×16LED 点阵参考程序:

;P0 接 X0～X7(左上),P1 接 X0～X7(左下),P2 口接 Y0～Y7(左),P3 口接 Y0～Y7(右)

```
                ORG     00
                SJMP    START
START：         MOV     R1,#0
                MOV     R2,#0
                MOV     R3,#16
                MOV     DPTR,#TAB1
                MOV     R1,#6
                MOV     R6,#0            ;第 N 个字
LOOPRELOAD：    MOV     R2,#255
LOOPSTART：     MOV     R7,#7
                MOV     R5,#0            ;字的扫描码的偏移量
                MOV     B,#32
                MOV     R4,#0FEH
LOOPL：                                  ;左半部分的扫描码
                MOV     B,#32            ;每个字的偏移量
                MOV     A,R6             ;第 N 个字的上半部分
                MUL     AB
                ADD     A,R5             ;第 N 个字第 N 个扫描码
                INC     R5               ;下一个扫描码
                MOVC    A,@A+DPTR        ;查表得到扫描码
                MOV     P0,A
```

```
        MOV      B,♯32              ;每个字的偏移量
        MOV      A,R6               ;第 N 个字的下半部分
        MUL      AB
        ADD      A,R5               ;第 N 个字第 N 个扫描码
        INC      R5                 ;下一个扫描码
        MOVC     A,@A+DPTR          ;查表得到扫描码
        MOV      P1,A
        MOV      P2,R4              ;选择第 0 列显示
        MOV      A,R4               ;下一列
        RL       A
        MOV      R4,A
        ACALL    DELAY
        MOV      P2,♯0FFH
        DJNZ     R7,LOOPl
        MOV      R7,♯7
        MOV      R4,♯0FEH
LOOPR：                             ;右半部分扫描
        MOV      B,♯32              ;每个字的偏移量
        MOV      A,R6               ;第 N 个字的上半部分
        MUL      AB
        ADD      A,R5               ;第 N 个字第 N 个扫描码
        INC      R5                 ;下一个扫描码
        MOVC     A,@A+DPTR          ;查表得到扫描码
        MOV      P0,A
        MOV      B,♯32              ;每个字的偏移量
        MOV      A,R6               ;第 N 个字的下半部分
        MUL      AB
        ADD      A,R5               ;第 N 个字第 N 个扫描码
        INC      R5                 ;下一个扫描码
        MOVC     A,@A+DPTR          ;查表得到扫描码
        MOV      P1,A
        MOV      P3,R4              ;选择第 0 列显示
        MOV      A,R4               ;下一列
        RL       A
        MOV      R4,A
        ACALL    DELAY
        MOV      P3,♯0FFH
        DJNZ     R7,LOOPR
```

```
        MOV    R7,♯8
        MOV    R5,♯0              ;字的扫描码的偏移量
        MOV    B,♯32
        MOV    R4,♯0FEH
        DJNZ   R2,LOOPL
        INC    R6
        DJNZ   R1,LOOPRELOAD
        SJMP   0
DELAY：  MOV    30H,♯100
        DJNZ   30H,$
        RET
TAB1：   DB     000H 002H 000H 00CH 03FH 0F0H 020H 000H 020H
               000H 020H 000H 020H 000H 0A0H 000H
        DB     060H 000H 020H 000H 020H 000H 020H 000H 020H
               000H 020H 000H 020H 000H 000H 000H;"广",0

        DB     000H 000H 020H 000H 020H 004H 023H 018H 02DH
               070H 031H 020H 0E1H 004H 021H 002H
        DB     02FH 0FFH 021H 000H 021H 040H 021H 020H 021H
               018H 020H 00CH 000H 000H 000H 000H;"东",1

        DB     000H 000H 020H 004H 021H 004H 021H 004H 021H
               004H 021H 004H 021H 004H 021H 004H
        DB     021H 004H 021H 004H 021H 004H 021H 004H 021H
               004H 020H 004H 000H 004H 000H 000H;"三",2

        DB     000H 000H 000H 000H 03FH 0FEH 020H 000H 020H
               000H 067H 0F0H 0A4H 020H 024H 020H
        DB     024H 020H 024H 020H 027H 0F0H 020H 004H 020H
               002H 03FH 0FCH 000H 000H 000H 000H;"向",3

        DB     008H 090H 028H 090H 029H 012H 02BH 011H 0FDH
               07EH 029H 0A0H 039H 022H 028H 022H
        DB     00AH 004H 01FH 004H 0F0H 0C8H 010H 030H 011H
               0CCH 01EH 003H 010H 002H 000H 000H;"教",4

        DB     002H 000H 004H 000H 00FH 0FFH 030H 000H 0C0H
               002H 000H 002H 01CH 004H 003H 008H
```

　　　　DB　　　080H 0D0H 070H 020H 020H 0D0H 007H 008H 038H

　　　　　　　004H 000H 006H 000H 004H 000H 000H;"仪",5

（5）仿真和烧写。

单片机写入程序后,按引脚号正确插入点阵显示屏电路板的 IC1 插座。电路检查无误后,接上 5 V 电源,观察点阵显示屏显示字符的效果。接线图如图 4-7 所示。

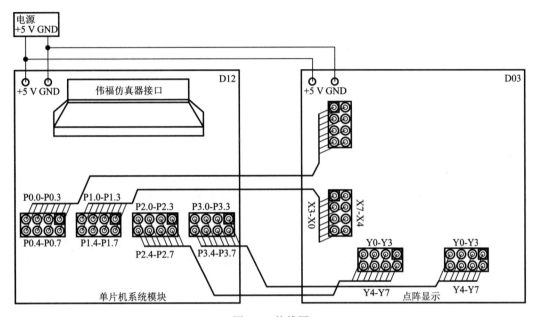

图 4-7　接线图

想一想

（1）本电路中若要让点阵显示屏中的发光二极管全部点亮,该怎样编写程序?

（2）本电路中若是改用 8×8 点阵显示屏,该怎样编写程序?

（3）若点阵显示屏发光二极管全部点亮,发现亮度不够,有什么解决方案?

（4）总结（见表 4-6）。

本次任务使自己学习到哪些知识,积累了哪些经验,记录下来有利于提升自己的技能水平。

表 4-6　工作总结

正确装调方法	
错误装调方法	
经验总结	

知识拓展

一个 8×8 点阵模块只能显示一个字符,若要显示更多字符,可以采取使字符左右滚动或上下滚动的显示方法。

要使显示的内容滚动,可以使用一个变量,在查行码表时不断改变每一列所对应的行码,产生滚动效果。比如,第一次显示时第一列对应第一列的行码,第二次显示时第一列对应第二列的行码。以下是一个滚动显示"23"字符的程序,请参考此程序编写一个滚动显示"56"字符的程序。

说明:使字符左右或上下滚动的效果也可以通过逐次增加或减少 DPTR 的值来实现。

参考程序:

```
        ORG     0000H
        LJMP    START
START:  MOV     30H,#00H      ;初始时从表中第一个行码取起
MAIN:   MOV     R6,#7FH       ;循环次数,决定滚动快慢
GOON:   LCALL   DISP
        DJNZ    R6,GOON
        MOV     A,30H
        INC     A             ;第一列对应表中的行码数加 1
        MOV     30H,A
        CJNE    A,#08H,MAIN   ;第二个字符没显示完,继续滚动
        MOV     30H,#00H      ;重新从第一个字符开始
        LJMP    MAIN
DISP:   MOV     R2,30H        ;循环计数
        MOV     R0,#08H       ;每个取 8 个行码显示
        MOV     R3,#01H       ;00000001B 用于循环左移扫描
XIAN:   MOV     A,R2          ;计数器初值送给 A
        MOV     DPTR,#TAB     ;指向表地址
```

```
          MOVC   A,@A+DPTR        ;查表
          MOV    P0,A             ;送字
          MOV    A,R3
          MOV    P2,A             ;扫描列
          ACALL  DELAY            ;调用延时程序,延时
          RL     A                ;循环左移
          MOV    R3,A
          INC    R2
          DJNZ   R0,XIAN
          MOV    R0,#08H
          RET
DELAY：   MOV    R7,#0FFH         ;延时程序
LOOP：    DJNZ   R7,LOOP
          RET
TAB：     DB     0FFH,9CH,7AH,76H,6EH,6EH,9EH,0FFH
                                  ;字符"2"的行码表
          DB     0FFH,0BDH,7EH,6EH,6EH,56H,0B9H,0FFH
                                  ;字符"3"的行码表
          END
```

　　点阵显示字符程序中需要给出显示的字符行码表,可以从网上下载一个字模生成软件
PCtoLCD2002完美版,界面如图4-8所示。在软件里输入要显示的字符,点击"生成字模"
即可自动显示各行码表。

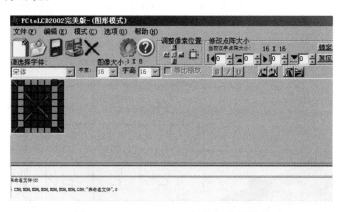

图4-8　PCtoLCD2002完美版软件界面

任务五
4×4 阵列式键盘

❖ 任务名称

4×4 阵列式键盘(也称矩阵式键盘)。

❖ 任务描述

AT89S51 单片机对 4×4 矩阵式键盘进行动态扫描,当按下键盘的键时,可将相应按键值(0～F)实时显示在数码管上。由 P1.0～P1.3(列)和 P1.4～P1.7(行)组成 4×4 矩阵式键盘,P0 口接 LED 静态显示电路。由于 P0 口内部无上拉电阻,因此外部必须接上上拉电阻,其值的选择可以根据 LED 数码管发光电流及其亮度来决定。通过编写 4×4 矩阵式键盘的驱动程序,当按下键盘的键时,能够在数码管上显示与按键的键值对应的数字。最常见的键盘布局如图 5-1 所示 。一般由 16 个按键组成,在单片机中正好可以用一个 P 口实现 16 个按键功能,这也是单片机系统中最常见的形式,本任务就采用这种键盘模式。模块原理图如图 5-2 所示。

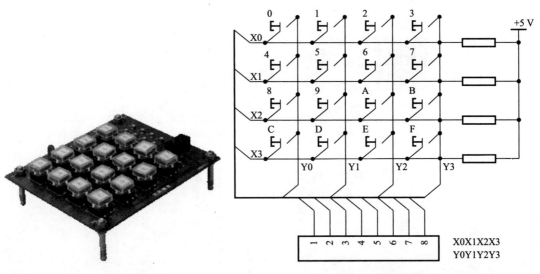

图 5-1 模块实物图   图 5-2 模块原理图

能力目标

（1）掌握 4×4 矩阵式键盘的结构与工作原理。

（2）掌握 4×4 矩阵式键盘的按键识别方法。

（3）掌握 4×4 矩阵式键盘的控制程序。

知识平台

1. 4×4 矩阵式键盘的结构与工作原理

键盘中按键数量较多时，为了减少 I/O 口的占用，通常将按键排列成矩阵形式。在矩阵式键盘中，每条水平线和垂直线在交叉处不直接连通，而是通过一个按键加以连接。这样，一个端口（如 P1 口）就可以构成 4×4＝16 个按键，比之直接将端口线用于键盘多出了一倍，而且线数越多，区别越明显，比如再多加一条线就可以构成 20 个按键的键盘，而直接用端口线则只能多出 9 个按键。由此可见，在需要的键数比较多时，采用矩阵法来做键盘是合理的。

矩阵式结构的键盘显然比直接法要复杂一些，识别也要复杂一些。图 5-2 中，列线通过电阻接正电源，并将行线所接的单片机的 I/O 口作为输出端，而列线所接的 I/O 口则作为输入端。这样，当按键没有按下时，所有的输出端都是高电平，代表无键按下。行线输出是低电平，一旦有键按下，则输入线就会被拉低，这样，通过读入输入线的状态就可得知是否有键按下。

2. 4×4 矩阵式键盘的按键识别方法

行扫描法又称为逐行（或列）扫描查询法，是一种最常用的按键识别方法。

（1）判断键盘中有无键按下。

将全部行线 Y0～Y3 置低电平，然后检测列线的状态。只要有一列的电平为低，则表示键盘中有键被按下，而且闭合的键位于低电平线与 4 根行线相交叉的 4 个按键之中。若所有列线均为高电平，则键盘中无键按下。

（2）判断闭合键所在的位置。

在确认有键按下后，即可进入确定具体闭合键的过程。其方法是：依次将行线置为低电平，即将某根行线置为低电平时，其他线为高电平。在确定某根行线位置为低电平后，再逐行检测各列线的电平状态。若某列为低电平，则该列线与置为低电平的行线交叉处的按键就是闭合的按键。

3. 4×4 矩阵式键盘的控制程序

一个完善的键盘控制程序应具备以下功能：

（1）检测有无按键按下，并采取硬件或软件措施，消除按键机械触点抖动的影响。

（2）有可靠的逻辑处理办法。每次只处理一个按键，其间对任何按键的操作不会对系统产生影响，且无论一次按键时间有多长，系统仅执行一次按键程序。

（3）准确输出按键值（或键号），以满足跳转指令要求。

任务实施

1. 讨论决策、制订计划

小组成员集体讨论，得出实施决策，制订工作计划，合理安排工作进程。根据已学理论知识和操作技能，结合实习情景，填写工作实施计划（见表 5-1）。

表 5-1　4×4 矩阵式键盘工作计划

工作时间	共　　小时	审核：	
计划实施步骤	①		计划指南： 　制订计划需考虑合理性和可行性,可参考以下工序： →编写程序 →仿真调试 →硬件装调 →创新操作 →综合评价
	②		
	③		
	④		
	⑤		

2.任务实施

（1）准备器材。

为完成工作任务,组员需要填写仪器仪表借用清单（见表 5-2）和电子元器件领取清单（见表 5-3）。

表 5-2　仪器仪表借用清单

任务单号：　　　　　　领料组别：　　　　　　　　年　月　日

序号	名称与规格型号	数量	借出时间	借用人	归还时间	归还人	管理员签名

表 5-3　电子元器件领取清单

任务单号：　　　　　　领料组别：　　　　　　　　年　月　日

序号	名称与规格型号	申领数量	实发数量	是否归还	归还人签名	管理员签名

(2) 硬件制作。

① 使用高精度激光打印机打印 PCB 图,采用热转印方法制作电路板。

② 矩阵式键盘排列成一行,安装整齐、高度一致。

③ 调整开关安装在方便操作的位置。

(3) 实训步骤。

① 依次将实训模块置入实训箱内部。

② 将仿真器数据线接入 D12 模块仿真器接口。

③ 接电源线:关闭实训箱 5 V 电源开关,将实训箱+5 V、GND 分别接入每个实训模块。

④ 接信号线:P1 口低四位接 X0～X3,P1 口高四位接 Y0～Y3,P2 口接数码管位(A～DP),P0 口接数码管段(DS1～DS6)。

⑤ 检查电源线、信号线是否正确,如果正确则接通实训箱 5 V 电源开关,打开仿真器,运行程序,观察实训现象。

⑥ 实训现象:按下相应按键显示相应数。

(4) 4×4 矩阵式键盘参考程序。

```
;P1 低四位接 X0～X3,P1 口高四位接 Y0～Y3,P2 接数码管位,P0 接数码管段
MIAO      EQU     30H
FEN       EQU     31H
SI        EQU     32H
LEDBUF    EQU     33H
OUTBIT    EQU     P3                ;位控制口
IN        EQU     P1                ;键盘读入口
          ORG     0
          SJMP    START
START:    NOP
          MOV     LEDBUF+0,#3FH     ;显示 8.8.8.8.
          MOV     LEDBUF+1,#3FH
          MOV     LEDBUF+2,#3FH
          MOV     LEDBUF+3,#3FH
          MOV     LEDBUF+4,#3FH
          MOV     LEDBUF+5,#3FH
MLOOP:    CALL    DISPLAY           ;显示
          CALL    TESTKEY           ;识别键盘是否有键入
          JZ      MLOOP             ;无键入,继续显示
          CALL    GETKEY            ;读入键码
          ANL     A,#0FH            ;显示键码
          MOV     DPTR,#LEDMAP
          MOVC    A,@A+DPTR
          MOV     LEDBUF+5,A
          MOV     LEDBUF+4,A
```

```
        MOV     LEDBUF+3,A
        MOV     LEDBUF+2,A
        MOV     LEDBUF+1,A
        MOV     LEDBUF+0,A
        LJMP    MLOOP
        SJMP    LOOP
        LJMP    START
LEDMAP：                             ;八段管显示码
        DB      3FH,06H,5BH,4FH,66H,6DH,7DH,07H
        DB      7FH,6FH,77H,7CH,39H,5EH,79H,71H
DELAY：                              ;延时子程序
        MOV     R7,#0
DELAYLOOP：
        DJNZ    R7,DELAYLOOP
        DJNZ    R6,DELAYLOOP
        RET
TESTKEY：
                                    ;高四位作为 Y 输入,低四位作为 X 输入
        ANL     A,#0FH
                                    ;输出线置为 0
                                    ;高四位送 0
        CLR     P1.7
        CLR     P1.6
        CLR     P1.5
        CLR     P1.4
        MOV     A,P1
        ANL     A,#0FH
        CPL     A
        ANL     A,#0FH              ;高四位不用
        RET
KEYTABLE：                           ;键码定义
        DB      00H,04H,08H,0CH
        DB      01H,05H,09H,0DH
        DB      02H,06H,0AH,0EH
        DB      03H,07H,0BH,0FH
GETKEY： MOV     R1,#10000000B
        MOV     R2,#4
KLOOP： MOV     A,R1                ;找出键所在列
        CPL     A
```

```
        ANL    A,#0F0H
        ANL    P1,#0FH          ;P1高四位清零
        ORL    P1,A
        CPL    A
        RR     A
        MOV    R1,A             ;下一列
        MOV    A,P1
        ANL    A,#0FH           ;去高四位
        CPL    A
        ANL    A,#0FH
        JNZ    GOON1            ;该列有键入
        DJNZ   R2,KLOOP
        MOV    R2,#0FFH         ;没有键按下,返回0FFH
        SJMP   EXIT
GOON1:  MOV    R1,A             ;键值 = 列×4 + 行
        MOV    A,R2
        DEC    A
        RL     A
        RL     A
        MOV    R2,A             ;R2 = (R2-1)×4
        MOV    A,R1             ;R1中为读入的行值
        MOV    R1,#4
LOOPC:  RRC    A                ;移位找出所在行
        JC     EXIT
        INC    R2               ;R2 = R2+ 行值
        DJNZ   R1,LOOPC
EXIT:   MOV    A,R2             ;取出键码
        MOV    DPTR,#KEYTABLE
        MOVC   A,@A+DPTR
        MOV    R2,A
WAITRELEASE:
        MOV    DPTR,#OUTBIT     ;等键释放
        ANL    P1,#0FH
        MOV    R6,#10
        CALL   DELAY
        CALL   TESTKEY
        JNZ    WAITRELEASE
        MOV    A,R2
        RET
```

```
DISPLAY：   MOV     R0,#33H
            MOV     R1,#0FEH
            MOV     R2,#6
DISLOOP：   MOV     A,@R0
            CPL     A
            MOV     P0,A
            MOV     A,R1
            MOV     P2,A
            RL      A
            MOV     R1,A
            MOV     R3,#20
            DJNZ    R3,$
            MOV     A,#0FFH
            MOV     P2,A
            INC     R0
            DJNZ    R2,DISLOOP
            RET
TAB：                                    ;八段管显示码
            DB      3FH,06H,5BH,4FH,66H,6DH,7DH,07H
            DB      7FH,6FH,77H,7CH,39H,5EH,79H,71H
```

（5）仿真和烧写。

单片机写入程序后，按引脚号正确插入 4×4 矩阵式键盘电路板。电路检查无误后，接上 5 V 电源，观察点阵显示屏显示字符的效果。

接线图如图 5-3 所示。

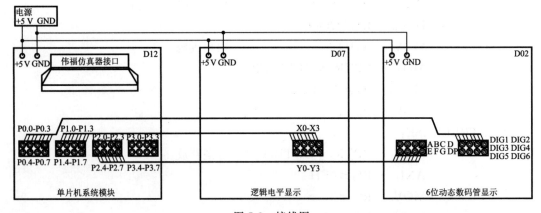

图 5-3　接线图

◆ 想一想

（1）什么是矩阵式键盘？当键盘中按键数量较多时，为了减少 I/O 口线的占用，通常将按键排列成矩阵形式。矩阵式键盘中每条水平线和垂直线在交叉处不直接连通，而是通过一个按键加以连接。这样做有什么好处呢？

（2）回顾矩阵式键盘的电路图，一个并行口可以构成 4×4＝16 个按键，比之直接将端口线用于键盘多出了一倍，而且线数越多，区别就越明显。比如再多加一条线就可以构成 20 个按键的键盘，而直接用端口线则只能多出 9 个按键。由此可见，在需要的按键数量比较多时，采用矩阵法来连接键盘是否非常合理呢？

（3）总结（见表 5-4）。
本次任务使自己学习到哪些知识，积累了哪些经验？记录下来以提升自己的技能水平。

表 5-4 工作总结

正确装调方法	
错误装调方法	
经验总结	

知识拓展

1. 实验任务
用 SP51 的并行口 P1 接 4×4 矩阵式键盘，以 P1.0～P1.3 作为输入线，以 P1.4～P1.7 作为输出线；在数码管上显示每个按键的 0～F 序号。按键对应的序号排列如图 5-4 所示。

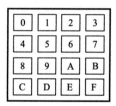

图 5-4 按键序号

2. 硬件电路设计原理图

硬件电路设计原理图如图 5-5 所示。

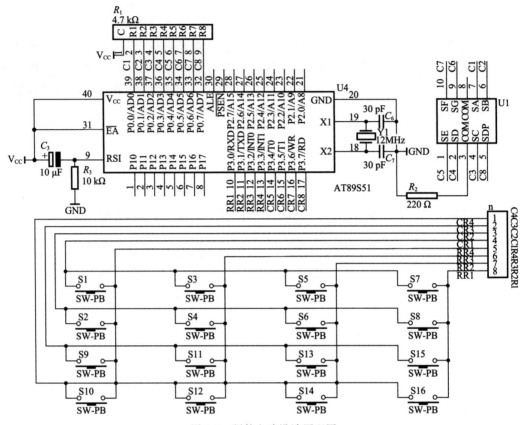

图 5-5　硬件电路设计原理图

3. 系统板上硬件连线设计

（1）把单片机系统区域中的 P3.0～P3.7 端口用 8 芯排线连接到 4×4 行列式键盘区域中的 C1～C4、R1～R4 端口上；

（2）把单片机系统区域中的 P0.0/AD0～P0.7/AD7 端口用 8 芯排线连接到四路静态数码显示模块区域中的任一个 a～h 端口上；要求 P0.0/AD0 对应着 a，P0.1/AD1 对应着 b……P0.7/AD7 对应着 h。

4. 程序设计内容

每个按键有它的行值和列值，行值和列值的组合就是识别这个按键的编码。矩阵的行线和列线分别通过两并行接口和 CPU 通信。每个按键的状态同样需变成数字量"0"和"1"，开关的一端（列线）通过电阻接 V_{cc}，而接地是通过程序输出数字"0"实现的。键盘处理程序的任务是：确定有无键按下，判断哪一个键按下，键的功能是什么；还要消除按键在闭合或断开时的抖动。两个并行口中，一个输出扫描码，使按键逐行动态接地，另一个并行口输入按键状态，由行扫描值和回馈信号共同形成键编码而识别按键，通过软件查询该键的功能。

5. 程序框图

程序框图如图 5-6 所示。

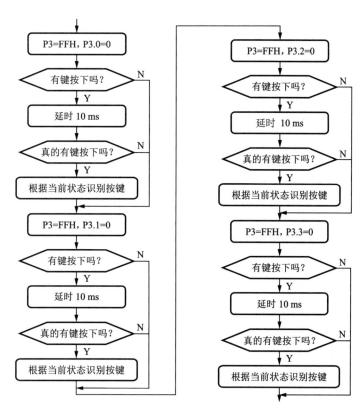

图 5-6　程序框图

6.汇编源程序代码

```
KEYBUF    EQU      30H
          ORG      00H
START：    MOV      KEYBUF，#2
WAIT：     MOV      P3，#0FFH
          CLR      P3.4
          MOV      A，P3
          ANL      A，#0FH
          XRL      A，#0FH
          JZ       NOKEY1
          LCALL    DELAY10MS
          MOV      A，P3
          ANL      A，#0FH
          XRL      A，#0FH
          JZ       NOKEY1
          MOV      A，P3
          ANL      A，#0FH
          CJNE     A，#0EH，NK1
          MOV      KEYBUF，#0
```

```
            LJMP    DK1
NK1：       CJNE    A,#0DH,NK2
            MOV     KEYBUF,#1
            LJMP    DK1
NK2：       CJNE    A,#0BH,NK3
            MOV     KEYBUF,#2
            LJMP    DK1
NK3：       CJNE    A,#07H,NK4
            MOV     KEYBUF,#3
            LJMP    DK1
NK4：       NOP
DK1：       MOV     A,KEYBUF
            MOV     DPTR,#TABLE
            MOVC    A,@A+DPTR
            MOV     P0,A
DK1A：      MOV     A,P3
            ANL     A,#0FH
            XRL     A,#0FH
            JNZ     DK1A
NOKEY1：    MOV     P3,#0FFH
            CLR     P3.5
            MOV     A,P3
            ANL     A,#0FH
            XRL     A,#0FH
            JZ      NOKEY2
            LCALL   DELAY10MS
            MOV     A,P3
            ANL     A,#0FH
            XRL     A,#0FH
            JZ      NOKEY2
            MOV     A,P3
            ANL     A,#0FH
            CJNE    A,#0EH,NK5
            MOV     KEYBUF,#4
            LJMP    DK2
NK5：       CJNE    A,#0DH,NK6
            MOV     KEYBUF,#5
            LJMP    DK2
NK6：       CJNE    A,#0BH,NK7
            MOV     KEYBUF,#6
```

	LJMP	DK2
NK7：	CJNE	A,＃07H,NK8
	MOV	KEYBUF,＃7
	LJMP	DK2
NK8：	NOP	
DK2：	MOV	A,KEYBUF
	MOV	DPTR,＃TABLE
	MOVC	A,@A＋DPTR
	MOV	P0,A
DK2A：	MOV	A,P3
	ANL	A,＃0FH
	XRL	A,＃0FH
	JNZ	DK2A
NOKEY2：	MOV	P3,＃0FFH
	CLR	P3.6
	MOV	A,P3
	ANL	A,＃0FH
	XRL	A,＃0FH
	JZ	NOKEY3
	LCALL	DELAY10MS
	MOV	A,P3
	ANL	A,＃0FH
	XRL	A,＃0FH
	JZ	NOKEY3
	MOV	A,P3
	ANL	A,＃0FH
	CJNE	A,＃0EH,NK9
	MOV	KEYBUF,＃8
	LJMP	DK3
NK9：	CJNE	A,＃0DH,NK10
	MOV	KEYBUF,＃9
	LJMP	DK3
NK10：	CJNE	A,＃0BH,NK11
	MOV	KEYBUF,＃10
	LJMP	DK3
NK11：	CJNE	A,＃07H,NK12
	MOV	KEYBUF,＃11
	LJMP	DK3
NK12：	NOP	
DK3：	MOV	A,KEYBUF

```
              MOV     DPTR,♯TABLE
              MOVC    A,@A+DPTR
              MOV     P0,A
DK3A：        MOV     A,P3
              ANL     A,♯0FH
              XRL     A,♯0FH
              JNZ     DK3A
NOKEY3：      MOV     P3,♯0FFH
              CLR     P3.7
              MOV     A,P3
              ANL     A,♯0FH
              XRL     A,♯0FH
              JZ      NOKEY4
              LCALL   DELAY10MS
              MOV     A,P3
              ANL     A,♯0FH
              XRL     A,♯0FH
              JZ      NOKEY4
              MOV     A,P3
              ANL     A,♯0FH
              CJNE    A,♯0EH,NK13
              MOV     KEYBUF,♯12
              LJMP    DK4
NK13：        CJNE    A,♯0DH,NK14
              MOV     KEYBUF,♯13
              LJMP    DK4
NK14：        CJNE    A,♯0BH,NK15
              MOV     KEYBUF,♯14
              LJMP    DK4
NK15：        CJNE    A,♯07H,NK16
              MOV     KEYBUF,♯15
              LJMP    DK4
NK16：        NOP
DK4：         MOV     A,KEYBUF
              MOV     DPTR,♯TABLE
              MOVC    A,@A+DPTR
              MOV     P0,A
DK4A：        MOV     A,P3
              ANL     A,♯0FH
              XRL     A,♯0FH
```

```
                JNZ      DK4A
NOKEY4：         LJMP     WAIT
DELAY10MS：MOV   R6，#10
D1：             MOV      R7，#248
                DJNZ     R7，$
                DJNZ     R6，D1
                RET
TABLE：          DB       3FH,06H,5BH,4FH,66H,6DH,7DH,07H
                DB       7FH,6FH,77H,7CH,39H,5EH,79H,71H
                END
```

7. C 语言源程序

```c
#include <AT89X51.H>
unsigned char code table""={0x3f,0x06,0x5b,0x4f,
                    0x66,0x6d,0x7d,0x07,
                    0x7f,0x6f,0x77,0x7c,
                    0x39,0x5e,0x79,0x71};

unsigned char temp；
unsigned char key；
unsigned char i,j；


void main(void)
{
  while(1)
    {
      P3＝0xff；
      P3_4＝0；
      temp＝P3；
      temp＝temp & 0x0f；
      if (temp!＝0x0f)
        {
          for(i＝50;i>0;i——)
          for(j＝200;j>0;j——)；
          temp＝P3；
          temp＝temp & 0x0f；
          if (temp!＝0x0f)
            {
              temp＝P3；
              temp＝temp & 0x0f；
              switch(temp)
                {
```

```
                case 0x0e:
                   key=7;
                   break;
                case 0x0d:
                   key=8;
                   break;
                case 0x0b:
                   key=9;
                   break;
                case 0x07:
                   key=10;
                   break;
             }
          temp=P3;
          P1_0=~P1_0;
          P0=table"key";
          temp=temp & 0x0f;
          while(temp!=0x0f)
            {
               temp=P3;
               temp=temp & 0x0f;
            }
        }
     }


P3=0xff;
P3_5=0;
temp=P3;
temp=temp & 0x0f;
if (temp!=0x0f)
   {
      for(i=50;i>0;i--)
      for(j=200;j>0;j--);
      temp=P3;
      temp=temp & 0x0f;
      if (temp!=0x0f)
         {
            temp=P3;
            temp=temp & 0x0f;
            switch(temp)
```

```
        {
          case 0x0e：
            key＝4；
            break；
          case 0x0d：
            key＝5；
            break；
          case 0x0b：
            key＝6；
            break；
          case 0x07：
            key＝11；
            break；
        }
      temp＝P3；
      P1_0＝～P1_0；
      P0＝table"key"；
      temp＝temp & 0x0f；
      while(temp!＝0x0f)
        {
          temp＝P3；
          temp＝temp & 0x0f；
        }
      }
  }

P3＝0xff；
P3_6＝0；
temp＝P3；
temp＝temp & 0x0f；
if (temp!＝0x0f)
  {
    for(i＝50；i＞0；i－－)
    for(j＝200；j＞0；j－－)；
    temp＝P3；
    temp＝temp & 0x0f；
    if (temp!＝0x0f)
      {
        temp＝P3；
        temp＝temp & 0x0f；
```

```
            switch(temp)
              {
                case 0x0e:
                  key=1;
                  break;
                case 0x0d:
                  key=2;
                  break;
                case 0x0b:
                  key=3;
                  break;
                case 0x07:
                  key=12;
                  break;
              }
            temp=P3;
            P1_0=~P1_0;
            P0=table"key";
            temp=temp & 0x0f;
            while(temp!=0x0f)
              {
                temp=P3;
                temp=temp & 0x0f;
              }
          }
      }


  P3=0xff;
  P3_7=0;
  temp=P3;
  temp=temp & 0x0f;
  if (temp!=0x0f)
    {
      for(i=50;i>0;i--)
      for(j=200;j>0;j--);
      temp=P3;
      temp=temp & 0x0f;
      if (temp!=0x0f)
        {
          temp=P3;
```

```
temp=temp & 0x0f;
switch(temp)
    {
        case 0x0e:
          key=0;
          break;
        case 0x0d:
          key=13;
          break;
        case 0x0b:
          key=14;
          break;
        case 0x07:
          key=15;
          break;
    }
temp=P3;
P1_0=~P1_0;
P0=table"key";
temp=temp & 0x0f;
while(temp!=0x0f)
    {
        temp=P3;
        temp=temp & 0x0f;
    }
}
}
```

任务名称

A/D 0809 转换实训。

任务描述

利用实验系统上的 0809 制作 A/D 转换器，实验系统上的电位器提供模拟量输入，编制程序，将模拟量转换成数字量，并用数码管显示出来。模块实物图如图 6-1 所示，模块原理图如图 6-2 所示。

图 6-1 模块实物图

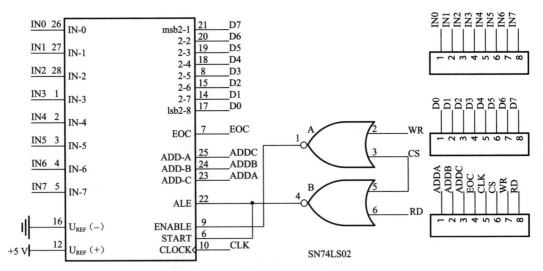

图 6-2 模块原理图

能力目标

（1）熟悉单片机与 A/D 转换芯片的接口方法。

（2）了解 A/D 转换芯片的转换性能及编程方法。

（3）了解单片机数据采集的方法。

（4）培养自主学习、团队协作、拓展创新能力。

◆ 知识平台

主要组成：ADC0809、74LS02。

主要用途：将模拟信号转换为 8 位数字信号。

ADC0809 是采样分辨率为 8 位、以逐次逼近原理进行模—数转换的器件。其内部有一个 8 通道多路开关，它可以根据地址码锁存译码后的信号，只选通 8 路模拟输入信号中的一路进行 A/D 转换。

1. 主要特性

(1) 8 路输入通道，8 位 A/D 转换器，即分辨率为 8 位。

(2) 具有转换启停控制端。

(3) 转换时间为 100 μs。

(4) 单个 +5 V 电源供电。

(5) 模拟输入电压范围 0～+5 V，不需要零点和满刻度校准。

(6) 工作温度范围为 -40～+85 ℃。

(7) 低功耗，约 15 mW。

2. 内部结构

ADC0809 是 CMOS 单片型逐次逼近式 A/D 转换器，内部结构如图 6-3 所示，它由 8 路模拟开关、地址锁存与译码器、比较器、8 位开关树型 A/D 转换器、逐次逼近组成。

3. 引脚功能

ADC0809 芯片有 28 条引脚，采用双列直插式封装，如图 6-3 所示。各引脚的功能如下。

IN0～IN7：8 路模拟量输入端。

DB0～DB7：8 位数字量输出端。

ADDA、ADDB、ADDC：3 位地址输入线，用于选通 8 路模拟输入中的一路。

ALE：地址锁存允许信号，输入端，高电平有效，产生一个正脉冲以锁存地址。

START：A/D 转换启动脉冲输入端，输入一个正脉冲（至少 100 ns 宽）使其启动（脉冲上升沿使 0809 复位，下降沿启动 A/D 转换）。

EOC：A/D 转换结束信号，输出端，当 A/D 转换结束时，此端输出一个高电平（转换期间一直为低电平）。

OE：数据输出允许信号，输入端，高电平有效。当 A/D 转换结束时，此端输入一个高电平才能打开三态门，输出数字量。

CLK：时钟脉冲输入端，要求时钟频率不高于 640 kHz。

$U_{REF}(+)$、$U_{REF}(-)$：基准电压。

V_{CC}：单一电源，+5 V。

GND：地。

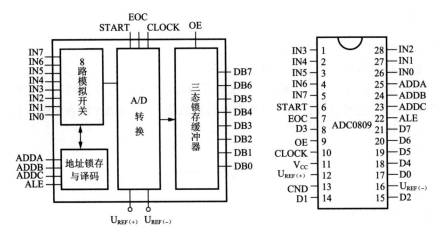

图 6-3　内部结构

任务实施

1. 讨论决策、制订计划

小组成员集体讨论,得出实施决策,制订工作计划,合理安排工作进程。根据已学理论知识和操作技能,结合实习情景,填写工作实施计划(见表 6-1)。

表 6-1　A/D 0809 转换工作计划

工作时间	共　　小时	审核:	
计划实施步骤	①		计划指南: 制订计划需考虑合理性和可行性,可参考以下工序: →程序编写 →仿真调试 →硬件装调 →创新操作 →综合评价
	②		
	③		
	④		
	⑤		

2.任务实施

(1) 准备器材。

为完成工作任务,组员需要填写仪器仪表借用清单(见表 6-2)和电子元器件领取清单(见表 6-3)。

表 6-2 仪器仪表借用清单

任务单号: 　　　　　　领料组别: 　　　　　　　　年　　月　　日

序号	名称与规格型号	数量	借出时间	借用人	归还时间	归还人	管理员签名

表 6-3 电子元器件领取清单

任务单号: 　　　　　　领料组别: 　　　　　　　　年　　月　　日

序号	名称与规格型号	申领数量	实发数量	是否归还	归还人签名	管理员签名

(2) 硬件制作。

① 使用高精度激光打印机打印 PCB 图,采用热转印方法制作电路板。

② PCB 设计布局合理、走线简洁、大面积接地、元器件排列整齐。

③ ADC0809 和 74LS02 采用集成插座安装,插装时注意引脚顺序是否正确。

(3) 实训步骤。

① 依次将实训模块置入实训箱内部。

② 将仿真器数据线接入 D12 模块仿真器接口。

③ 接电源线:关闭实训箱 5 V 电源开关,将实训箱＋5 V、GND 分别接入每个实训模块。

④ 接信号线:将可调电压(D06,电位器)V_{OUT} 接 IN0,P1(D12)接数码管段(D02),P3(D12)接数码管位(D02),P3.6(D12)接 WR(D09),P3.7(D12)接 RD(D09),P2.7(D12)接 CS(D09)片选,P2.0～P2.2(D12)接 A、B、C 地址线(D09),P0(D12)接数据口(P09),ALE 接 CLK。

⑤ 检查电源线、信号线是否正确,如果正确则接通实训箱 5 V 电源开关,打开仿真器,运行程序,观察实训现象。

⑥ 实训现象:调节电位器,数码管显示数字 0～255。

（4）参考程序。

程序名称：A/D 0809 转换实训。

;P1 接数码管段,P3 接数码管位,P0 接数据 ADDA、ADDB、ADDC,CS 分别接 P2.4、P2.5、P2.6、P2.7,WR－WR、RD－RD、CLK 接 ALE,EOC 接 LED;修改地址,电位器分别为 IN0～IN7

```
            DATA1    EQU    30H
            DATA2    EQU    31H
            DATA3    EQU    32H
            DATA4    EQU    33H
            DATA5    EQU    34H
            DATA6    EQU    35H
            DISBUF   EQU    2FH
            DISDIG   EQU    2EH
            TEMP     EQU    2DH
                     ORG    0000H
                     LJMP   MAIN
                     ORG    000BH
                     LJMP   DISPLAY
                     ORG    0030H
MAIN:                MOV    SP,#20H
                     MOV    DISBUF,#30H
                     MOV    DISDIG,#11111110B
                     MOV    A,#00H
                     MOV    DATA1,A
                     MOV    DATA2,A
                     MOV    DATA3,A
                     MOV    TMOD,#01H
                     MOV    TH0,#0FCH
                     MOV    TL0,#17H
                     SETB   EA
                     SETB   ET0
                     SETB   TR0
Q00:                 LCALL  UPDATA
                     LCALL  DELAY
                     LJMP   Q00
UPDATA:              MOV    DPTR,#0000111111111111B    ;/通道 0
                     MOV    DPTR,#0001111111111111B    ;/通道 1
```

```
            MOV     DPTR,#0010111111111111B        ;/通道 2
            MOV     DPTR,#0011111111111111B        ;/通道 3
            MOV     DPTR,#0100111111111111B        ;/通道 4
            MOV     DPTR,#0101111111111111B        ;/通道 5
            MOV     DPTR,#0110111111111111B        ;/通道 6
            MOV     DPTR,#0111111111111111B        ;/通道 7
            MOVX    @DPTR,A
            LCALL   DELAY
            MOVX    A,@DPTR
            MOV     TEMP,A
            MOV     A,TEMP
            MOV     B,#100D
            DIV     AB
            MOV     DATA3,A
            MOV     A,B
            MOV     B,#10D
            DIV     AB
            MOV     DATA2,A
            MOV     DATA1,B
            RET
DISPLAY:    PUSH    ACC
            PUSH    PSW
            MOV     DPTR,#DIS_CODE
            MOV     TH0,#0FCH
            MOV     TL0,#017H
            MOV     P3,#0FFH                        ;先关闭所有数码管
            MOV     R0,DISBUF
            MOV     A,@R0
            MOVC    A,@A+DPTR
            MOV     P1,A
            MOV     A,DISDIG
            MOV     P3,A
            SETB    C
            RL      A
            MOV     DISDIG,A
            INC     DISBUF
            MOV     A,DISBUF
```

```
                    CJNE      A,#33H,EXITDISPLAY
                    MOV       DISBUF,#30H
                    MOV       DISDIG,#11111110B
EXITDISPLAY:        POP       PSW
                    POP       ACC
                    RETI
DELAY:              MOV       2AH,#0FFH
DELAY0:             MOV       2BH,#020H
DELAY1:             MOV       2CH,#07H
                    DJNZ      2CH,$
                    DJNZ      2BH,DELAY1
                    DJNZ      2AH,DELAY0
                    RET
DIS_CODE:           DB        0C0H
                    DB        0F9H
                    DB        0A4H
                    DB        0B0H
                    DB        099H
                    DB        092H
                    DB        082H
                    DB        0F8H
                    DB        080H
                    DB        090H
                    DB        0FFH
                    END
```

（5）仿真和烧写。

单片机写入程序后，按 ADC0809 和 74LS02 引脚号正确插入电路板。电路检查无误后，接上 5 V 电源，调节电位器，数码管显示数字 0～255。

实训模块：D02、D06、D09、D12。

接线图如图 6-4 所示。

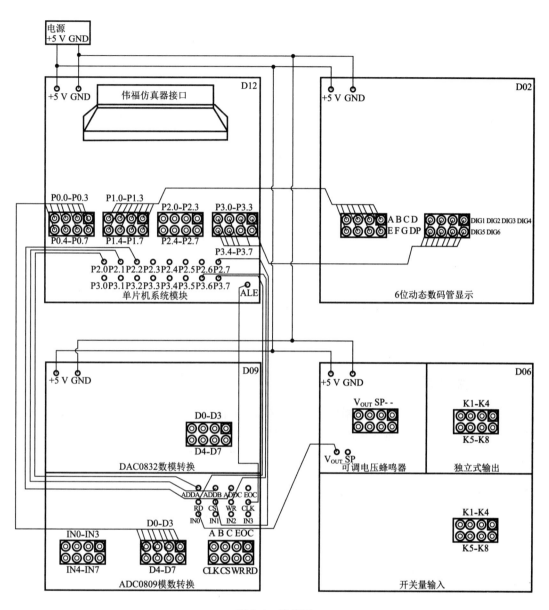

图 6-4 接线图

想一想

（1）ADC0809 的转换精度和转换速度分别是多少？

（2）使用 A/D 转换器应该注意哪些问题？

（3）总结（见表 6-4）。

本次任务使自己学习到哪些知识,积累了哪些经验? 记录下来以提升自己的技能水平。

表 6-4　工作总结

正确装调方法	
错误装调方法	
经验总结	

🔷 知识拓展

一、实验要求

利用实验板上的 ADC0809 制作 A/D 转换器,利用实验板上的电位器 W1 提供模拟量输入。编制程序,将模拟量转换成二进制数字量,用发光二极管显示。

二、实验目的

（1）掌握 A/D 转换与单片机的接口方法。

（2）了解 A/D 芯片 ADC0809 的转换性能及编程方法。

（3）了解单片机的数据采集。

三、实验电路及连线

实验电路及连线如图 6-5 所示。CS0809 接 8000H,模块电位器 V_{OUT} 点（即中心抽头）接至 ADC0809 的 IN0（通道 0）,EOC 连 P3.2（INT0）,将单片机的 P1.0～P1.7 接至 8 位发光二极管 L1～L8。

四、实验说明

ADC0809 是 8 位逐次逼近法 A/D 转换器,每采集一次数据一般需要 100 μs。中断方式下,A/D 转换结束后会自动产生 EOC 信号,经一级 74LS14 反向后与 8031 的 INT0 相连接。

本示例程序采取了中断处理来正确读取 A/D 转换的结果。用户也可以用延时来保证 A/D 转换完成。读取结果由 P1 口送至 8 位发光二极管进行显示。

五、实验程序框图

实验程序框图如图 6-6 所示。

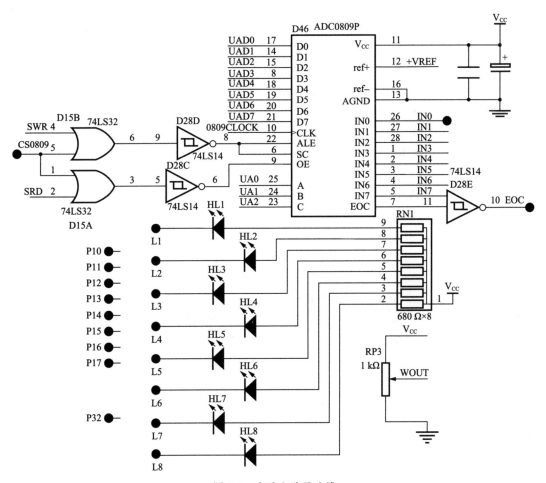

图 6-5 实验电路及连线

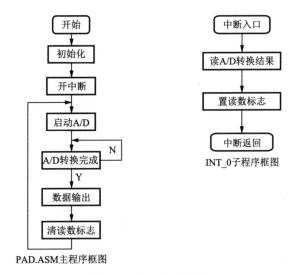

PAD.ASM主程序框图

INT_0子程序框图

图 6-6 实验程序框图

六、实验程序

```
A_DPORT    EQU      8000H              ;0809 通道 0 地址
           ORG      0000H
           LJMP     START
           ORG      0003H
           LJMP     INT_0
           ORG      0040H
START:     MOV      SP,#60H
           MOV      R7,#0FFH           ;初始化
           SETB     IT0
           SETB     EA
           SETB     EX0                ;INT0 允许
A_D:       MOV      DPTR,#A_DPORT
           MOVX     @DPTR,A            ;启动 A_D
           CJNE     R7,#00H,$          ;等待 A_D 转换结束
           CPL      A
           MOV      P1,A               ;数据输出
           MOV      R7,#0FFH           ;清读数标志
           SJMP     A_D
INT_0:     MOVX     A,@DPTR            ;读 A_D 数据
           MOV      R7,#00H            ;置读数标志
           RETI
           END
```

D/A 0832 转换实训

任务名称

D/A 0832 转换实训。

任务描述

利用实验系统上的 ADC0832 制作 A/D 转换器，D/A 转换是把数字量转化成模拟量的过程。本实验将 8 位数字量信号转换为模拟电压信号，电动机加速后减速，数码管显示的数字表示电动机的速度。模块实物图如图 7-1 所示，模块原理图如图 7-2 所示。

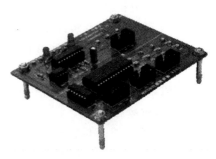

图 7-1　模块实物图

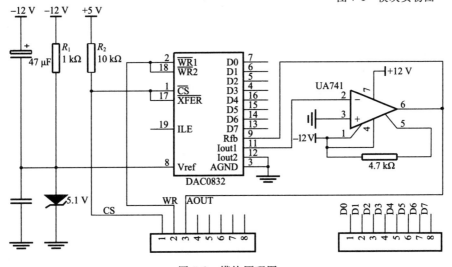

图 7-2　模块原理图

能力目标

(1) 学习 D/A 转换器的基本原理。

(2) 学习 UA741 芯片的基本原理。

(3) 学习 D/A 转换芯片 DAC0832 的性能及编程方法。

(4) 了解单片机系统中扩展 D/A 转换芯片的基本方法。

（5）掌握 D/A 转换程序的设计、仿真和硬件调试。

（6）培养自主学习、团队协作、拓展创新能力。

知识平台

主要组成：DAC0832、UA741。

主要用途：将 8 位数字信号转为模拟信号。

控制要求：输出 0～5 V 模拟电压。

1. DAC0832 芯片

DAC0832 是 8 位分辨率的 D/A 转换集成芯片，其与微处理器完全兼容。DAC0832 芯片具有价格低廉、接口简单、转换控制容易等优点，在单片机应用系统中得到广泛的应用。D/A 转换器由 8 位输入锁存器、8 位 DAC 寄存器、8 位 D/A 转换电路及转换控制电路构成。

2. DAC0832 的主要特性参数

（1）分辨率为 8 位。

（2）电流稳定时间为 1 μs。

（3）可单缓冲、双缓冲或直接数字输入。

（4）只需在满量程下调整其线性度。

（5）单一电源供电（+5～+15 V）。

（6）低功耗，功率仅为 200 mW。

3. 引脚功能

（1）D0～D7：8 位转换数据输入端，TTL 电平，有效时间应大于 90 ns（否则锁存器的数据会出错）。

（2）ILE：数据锁存允许控制信号输入端，高电平有效。

（3）CS：片选信号输入端（选通数据锁存器），低电平有效。

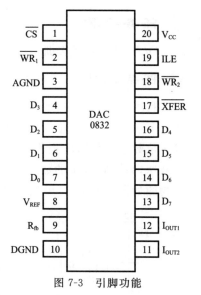

图 7-3　引脚功能

（4）WR$_1$：第一写信号输入端，低电平有效。数据锁存器选通输入线，负脉冲（脉宽应大于 500 ns）有效；由 ILE、CS、WR$_1$ 的逻辑组合产生 LE1，当 LE1 为高电平时，数据锁存器状态随输入数据线变换，LE1 负跳变时将输入数据锁存。

（5）WR$_2$：第二写信号输入端，低电平有效。DAC 寄存器选通输入线，负脉冲（脉宽应大于 500 ns）有效；由 WR$_2$、XFER 的逻辑组合产生 LE2，当 LE2 为高电平时，DAC 寄存器的输出随寄存器的输入而变化，LE2 负跳变时将数据锁存器的内容打入 DAC 寄存器并开始 D/A 转换。

（6）XFER：数据传输控制信号输入端，低电平有效，负脉冲（脉宽应大于 500 ns）有效。

（7）I$_{OUT1}$：电流输出端 1，其值随 DAC 寄存器的内容线性变化。当数据全为 1 时，输出电流最大；当数据全为 0 时，输出电流最小。

（8）I$_{OUT2}$：电流输出端 2，I$_{OUT1}$+I$_{OUT2}$=常数。

（9）R$_{fb}$：反馈信号输入端，改变 R$_{fb}$ 端外接电阻值可调整转换满量程精度。

（10）V$_{CC}$：电源输入端，范围为 +5～+15 V。

（11）V$_{REF}$：基准电压输入线，是外加的高精度电压源，它与芯片内的电阻网络相连接，范围为 -10～+10 V。

（12）AGND：模拟信号地。

（13）DGND：数字信号地。

4.DAC0832 的工作方式

（1）单缓冲方式。单缓冲方式是控制输入寄存器和 DAC 寄存器同时接收资料，或者只用输入寄存器而把 DAC 寄存器接成直通方式。此方式适用于只有一路模拟量输出或几路模拟量异步输出的情形。

（2）双缓冲方式。双缓冲方式是先使输入寄存器接收资料，再控制输入寄存器的输出资料到 DAC 寄存器，即分两次锁存输入资料。此方式适用于多个 D/A 转换同步输出的情节。

（3）直通方式。直通方式是资料不经两级锁存器锁存，即片选信号、写信号及传送控制信号的引脚均接地，ILE 接高电平。此方式适用于连续反馈控制线路，不过在使用时，必须通过另加 I/O 接口与 CPU 连接，以匹配 CPU 与 D/A 转换。

5.UA741 芯片的基本原理

UA741M、UA741I、UA741C（单运放）是高增益运算放大器，用于军事、工业和商业应用。这类单片硅集成电路器件提供输出短路保护和闭锁自由运作。这些类型还具有广泛的共同模式，如差模信号范围、低失调电压调零能力与使用适当的电位。UA741 芯片内部结构原理图如图 7-4 所示，引脚图如图 7-5 所示。

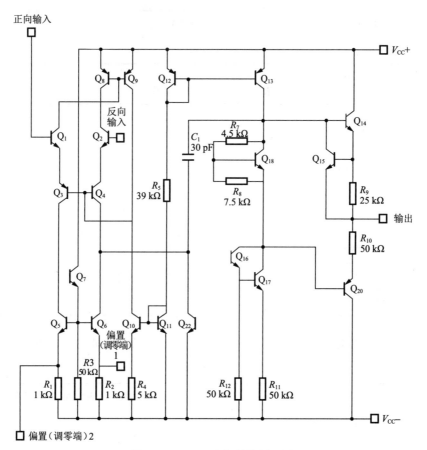

图 7-4　UA741 内部结构原理图

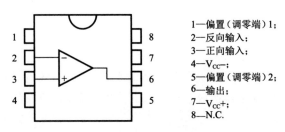

图 7-5 UA741 引脚图

1—偏置（调零端）1；
2—反向输入；
3—正向输入；
4—V_{CC}−；
5—偏置（调零端）2；
6—输出；
7—V_{CC}+；
8—N.C.

UA741M、UA741I、UA741C 芯片引脚和工作说明：

1 和 5 为偏置（调零端），2 为反向输入端，3 为正向输入端，4 接地，6 为输出，7 接电源，8 空脚。

温度等级、UA741 主要参数、电气特性分别见表 7-1～表 7-3。

表 7-1　温度等级

零件型号	工作温度范围	N	D
UA741C	0～+70 ℃	•	•
UA741I	−40～+105 ℃	•	•
UA741M	−55～+125 ℃	•	•
例如：UA741CN			

表 7-2　UA741 主要参数

符号	参　　数	UA741M	UA741I	UA741C	单位
V_{cc}	电源电压		±22		V
V_{id}	差分输入电压		±30		V
V_i	输入电压		±15		V
P_{tot}	功耗		500		mW
T_{oper}	输出短路持续时间		无限制		
	工作温度	−55～+125	−40～+105	0～+70	℃
T_{stg}	储存温度范围		−65～+150		

电气特性：虚拟通道连接 $V_{CC}=\pm15$ V，$T_{amb}=+25$ ℃（除非另有说明）。

表 7-3　电气特性

符号	参　　数	最小值	典型值	最大值	单位
V_{io}	输入失调电压（$R_s \leqslant 10$ kΩ）				mV
	$T_{amb}=+25$ ℃	—	1	5	
	$T_{min} \leqslant T_{amb} \leqslant T_{max}$	—	—	6	

符号	参　　数		最小值	典型值	最大值	单位
I_{io}	输入失调电流					nA
	$T_{amb} = +25\ ℃$		—	2	30	
	$T_{min} \leqslant T_{amb} \leqslant T_{max}$		—	—	70	
I_{ib}	输入偏置电流					nA
	$T_{amb} = +25\ ℃$		—	10	100	
	$T_{min} \leqslant T_{amb} \leqslant T_{max}$		—	—	200	
AVD	大信号电压增益($V_o = \pm 10V$, $R_L = 2\ k\Omega$)					V/mV
	$T_{amb} = +25\ ℃$		50	200	—	
	$T_{min} \leqslant T_{amb} \leqslant T_{max}$		25	—		
SVR	电源电压抑制比($R_s \leqslant 10\ k\Omega$)					dB
	$T_{amb} = +25\ ℃$		77	90	—	
	$T_{min} \leqslant T_{amb} \leqslant T_{max}$		77	—		
I_{CC}	电源电流（空载）					mA
	$T_{amb} = +25\ ℃$		—	1.7	2.8	
	$T_{min} \leqslant T_{amb} \leqslant T_{max}$		—	—	3.3	
V_{icm}	输入共模电压范围					V
	$T_{amb} = +25\ ℃$		± 12	—	—	
	$T_{min} \leqslant T_{amb} \leqslant T_{max}$		± 12	—		
CMR	共模抑制化($R_s \leqslant 10\ k\Omega$)					dB
	$T_{amb} = +25\ ℃$		70	90	—	
	$T_{min} \leqslant T_{amb} \leqslant T_{max}$		70	—		
I_{OS}	输出短路电流		10	25	40	mA
$\pm V_{opp}$	输出电压摆幅	$T_{amb} = +25\ ℃$　$R_L = 10\ k\Omega$	12	14	—	V
		$R_L = 2\ k\Omega$	10	13	—	
		$T_{min} \leqslant T_{amb} \leqslant T_{max}$　$R_L = 10\ k\Omega$	12	—		
		$R_L = 2\ k\Omega$	10			
SR	转换率 $V_i = \pm 10\ V$, $R_L = 2\ k\Omega$, $C_L = 100\ pF$, 单位增益		0.25	0.5	—	V/μs
t_r	上升时间 $V_i = \pm 20\ mV$, $R_L = 2\ k\Omega$, $C_L = 100\ pF$, 单位增益		—	0.3	—	μs
K_{ov}	超虚拟 $V_i = 20\ mV$, $R_L = 2\ k\Omega$, CL $= 100\ pF$, 单位增益		—	5	—	%
R_i	输入阻抗		0.3	2	—	MΩ

续表 7-3

符号	参　数	最小值	典型值	最大值	单位
GBP	带宽增益 $V_i = 10\ mV, R_L = 2\ k\Omega, C_L = 100\ pF, f = 100\ kHz$	0.7	1	—	MHz
THD	总谐波失真 $f = 1\ kHz, A_v = 20\ dB, R_L = 2\ k\Omega, V_o = 2\ Vpp,$ $C_L = 100\ pF, T_{amb} = +25\ ℃$	—	0.06	—	%
EN	等效输入噪声电压 $f = 1\ kHz, R_s = 100\ \Omega$	—	23	—	nV$\sqrt{Hz}$
PM	相位裕度	—	50	—	(°)

UA741 应用电路图如图 7-6～图 7-13 所示。

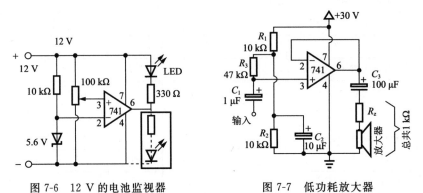

图 7-6　12 V 的电池监视器　　　　图 7-7　低功耗放大器

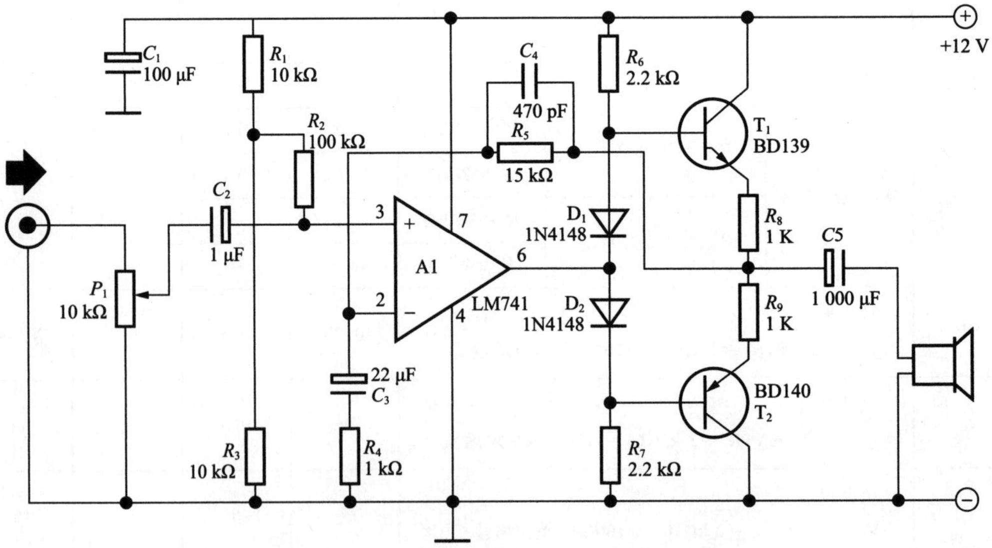

图 7-8　741 驱动三极管的 5 W 功率放大器

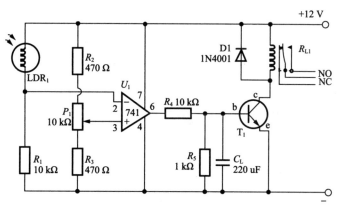

图 7-9　自动感光电路图

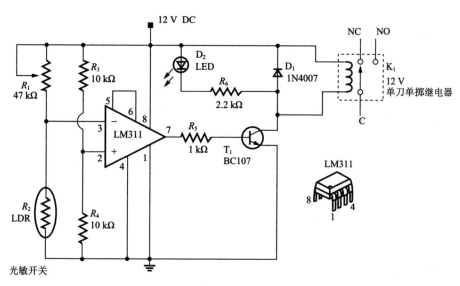

图 7-10　夜间自动感光电路图

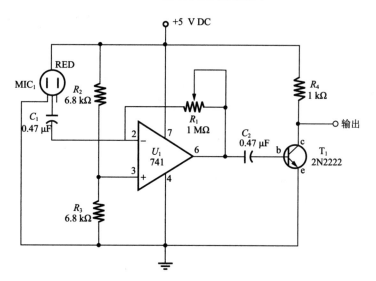

图 7-11　声音探测器

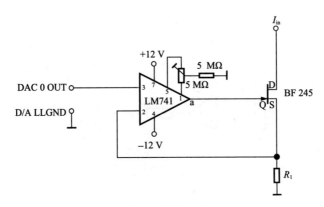

图 7-12　数字/模拟输出接口电路

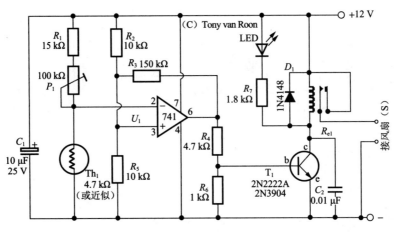

图 7-13　自动温控风扇电路

任务实施

1. 讨论决策、制订计划

小组成员集体讨论,得出实施决策,制订工作计划,合理安排工作进程。根据已学理论知识和操作技能,结合实习情景,填写工作实施计划(见表 7-4)。

表 7-4　DAC0832 转换实训工作计划

工作时间	共　　小时	审核:	计划指南:
计划实施步骤	①		制订计划需考虑合理性和可行性,可参考以下工序:
	②		→程序编写
	③		→仿真调试
	④		→硬件装调
			→创新操作
	⑤		→综合评价

2.任务实施

（1）准备器材。

为完成工作任务,组员需要填写仪器仪表借用清单（见表7-5）和电子元器件领取清单（见表7-6）。

表7-5 仪器仪表借用清单

任务单号： 领料组别： 年 月 日

序号	名称与规格型号	数量	借出时间	借用人	归还时间	归还人	管理员签名

表7-6 电子元器件领取清单

任务单号： 领料组别： 年 月 日

序号	名称与规格型号	申领数量	实发数量	是否归还	归还人签名	管理员签名

（2）硬件制作。

① 使用高精度激光打印机打印 PCB 图,采用热转印方法制作电路板。

② PCB 设计布局合理、走线简洁、大面积接地、元器件排列整齐。

③ ADC0809 和 UA741 采用集成插座安装,插装时注意引脚顺序是否正确。

（3）实训步骤。

① 依次将实训模块置入实训箱内部。

② 将仿真器数据线接入 D12 模块仿真器接口。

③ 接电源线:关闭实训箱 5 V、12 V 电源开关,将实训箱＋5 V、±12 V、GND 分别接入对应实训模块。

④ 接信号线:CS 接 P2.7,WR 接 WR,AOUT(D09)接 DJ(D17),数据口 (D09)接 P0(D12),P1(D12)接数码管段(D02),P3(D12)接数码管位(D02)。

⑤ 检查电源线、信号线是否正确,如果正确则接通实训箱 5 V 电源开关,打开仿真器,运行程序,观察实训现象。

⑥实训现象:电动机加速后减速,数码管显示数字表示电动机速度。

（4）参考程序。

程序名称:DAC0832 转换实训。

;CS 接 P2.7,WR 接 WR,AOUT(D09)接 DJ(D17),数据口接 P0,P1、P3 分别接数码管段与数码管位

```
DATA1    EQU   30H
DATA2    EQU   31H
```

```
                    DATA3    EQU    32H
                    DATA4    EQU    33H
                    DATA5    EQU    34H
                    DATA6    EQU    35H
                    DISBUF   EQU    2FH
                    DISDIG   EQU    2EH
                    TEMP     EQU    2DH
                    ORG      0000H
                    LJMP     MAIN
                    ORG      000BH
                    LJMP     DISPLAY
                    ORG      0030H
        MAIN：       MOV      SP,#20H
                    MOV      DISBUF,#30H
                    MOV      DISDIG,#11111110B
                    MOV      TEMP,#00H
                    MOV      A,#00H
                    MOV      DATA1,A
                    MOV      DATA2,A
                    MOV      DATA3,A
                    MOV      TMOD,#01H
                    MOV      TH0,#0FCH
                    MOV      TL0,#17H
                    SETB     EA
                    SETB     ET0
                    SETB     TR0
        Q00：        LCALL    UPDATA
                    LCALL    DELAY
                    LJMP     Q00
        UPDATA：     INC      TEMP
                    MOV      A,TEMP
                    MOV      B,#100D
                    DIV      AB
                    MOV      DATA3,A
                    MOV      A,B
                    MOV      B,#10D
                    DIV      AB
                    MOV      DATA2,A
                    MOV      DATA1,B
                    MOV      DPTR,#0111111111111111B
```

```
                        MOV     A,TEMP
                        MOVX    @DPTR,A
                        RET
DISPLAY：                PUSH    ACC
                        PUSH    PSW
                        MOV     DPTR,#DIS_CODE
                        MOV     TH0,#0FCH
                        MOV     TL0,#017H
                        MOV     P3,#0FFH              ;先关闭所有数码管
                        MOV     R0,DISBUF
                        MOV     A,@R0
                        MOVC    A,@A+DPTR
                        MOV     P1,A
                        MOV     A,DISDIG
                        MOV     P3,A
                        SETB    C
                        RL      A
                        MOV     DISDIG,A
                        INC     DISBUF
                        MOV     A,DISBUF
                        CJNE    A,#33H,EXITDISPLAY
                        MOV     DISBUF,#30H
                        MOV     DISDIG,#11111110B
EXITDISPLAY：            POP     PSW
                        POP     ACC
                        RETI
DELAY：                  MOV     2AH,#0FFH
DELAY0：                 MOV     2BH,#020H
DELAY1：                 MOV     2CH,#03H
                        DJNZ    2CH,$
                        DJNZ    2BH,DELAY1
                        DJNZ    2AH,DELAY0
                        RET
DIS_CODE：               DB      0C0H
                        DB      0F9H
                        DB      0A4H
                        DB      0B0H
                        DB      099H
                        DB      092H
                        DB      082H
```

DB	0F8H
DB	080H
DB	090H
DB	0FFH
END	

（5）仿真和烧写。

单片机写入程序后，按 DAC0832 和 UA741 引脚号正确插入电路板。电路检查无误后，接上 5 V 电源，电动机加速后减速，数码管显示数字表示电动机速度。

实训模块：D12、D02、D09、D17。接线图如图 7-14 所示。

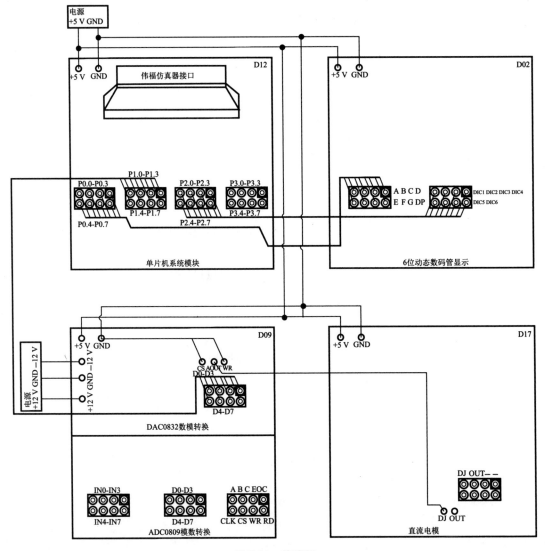

图 7-14　接线图

 想一想

（1）怎样测试 ADC0809 电路的模数转换速度和可靠频率？

（2）D/A 转换器应该注意哪些问题？

（3）总结（见表 7-7）。

本次任务使自己学习到哪些知识，积累了哪些经验，记录下来以提升自己的技能水平。

表 7-7　工作总结

正确装调方法	
错误装调方法	
经验总结	

知识拓展

DAC0832 数模转换实验

一、实验目的

（1）掌握 DAC0832 直通方式、单缓冲方式、双缓冲方式的编程方法。

（2）掌握 D/A 转换程序的编程方法和调试方法。

二、实验说明

DAC0832 是 8 位 D/A 转换器，采用 CMOS 工艺制作，具有双缓冲输入结构。

DAC0832 内部有两个寄存器，而这两个寄存器的控制信号有五个，输入寄存器由 ILE、CS、WR1 控制，DAC 寄存器由 WR_2、XREF 控制，用软件指令控制这五个控制端可实现三种工作方式：直通方式、单缓冲方式、双缓冲方式。

直通方式是将两个寄存器的五个控制端预先置为有效，两个寄存器都开通，只要有数字信号输入就立即进入 D/A 转换。

单缓冲方式使 DAC0832 的两个输入寄存器中有一个处于直通方式，另一个处于受控方式，可以将 WR_2 和 XFER 相连再接到地上，并把 WR_1 接到 80C51 的 WR 上，ILE 接高电平，CS 接高位地址或地址译码的输出端。

双缓冲方式把 DAC0832 的输入寄存器和 DAC 寄存器都接成受控方式，这种方式可用于多路模拟量要求同时输出的情况。

三种工作方式的区别是：直通方式不需要选通，直接 D/A 转换；单缓冲方式一次选通；

双缓冲方式二次选通。

三、实验步骤

（1）单片机最小应用系统 1 的 P0 口接 DAC0832 的 D0～D7 口,单片机最小应用系统 1 的 P2.0、WR 分别接 D/A 转换的 P2.0、WR,V_{REF} 接－5 V,D/A 转换的 OUT 接示波器探头。

（2）用串行数据通信线连接计算机与仿真器,把仿真器插到模块的锁紧插座中,仿真器的方向为缺口朝上。

（3）打开 Keil uVision2 仿真软件,首先建立本实验的项目文件,接着添加 DA 转换、ASM 源程序进行编译,直到编译无误。

（4）进行软件设置,选择硬件仿真和串行口,设置波特率为 12 MBd。

（5）打开模块电源和总电源,点击开始调试按钮,点击 RUN 按钮运行程序,观察示波器上输出波形的周期和幅值。

四、源程序

```
                ORG     0000H
                AJMP    START
                ORG     0050H
START：         MOV     DPTR,#0FEFFH    ;置 DAC0832 的地址
LP：            MOV     A,#0FFH         ;设定高电平
                MOVX    @DPTR,A         ;启动 D/A 转换,输出高电平
                LCALL   DELAY           ;延时显示高电平
                MOV     A,#00H          ;设定低电平
                MOVX    @DPTR,A         ;启动 D/A 转换,输出低电平
                LCALL   DELAY           ;延时显示低电平
                SJMP    LP              ;连续输出方波
DELAY：         MOV     R3,#11          ;延时子程序
D1：            NOP
                NOP
                NOP
                NOP
                NOP
                DJNZ    R3,D1
                RET
                END
```

五、思考题

（1）计算输出方波的周期,并说明如何改变输出方波的周期。

（2）硬件电路不改动的情况下,请编程实现输出波形为锯齿波及三角波。

（3）请画出 DAC0832 在双缓冲工作方式时的接口电路,并用两片 DAC0832 实现图形 X 轴和 Y 轴偏转放大同步输出。

任务八
PCF8563 实时时钟/日历

任务名称

PCF8563 实时时钟/日历。

任务描述

PCF8563 是 PHILIPS 公司推出的一款工业级内含 I2C 总线接口功能的具有极低功耗的多功能时钟/日历芯片。PCF8563 的多种报警功能、定时器功能、时钟输出功能以及中断输出功能可以完成各种复杂的定时服务,甚至可为单片机提供看门狗功能。内部时钟电路、内部振荡电路、内部低电压检测电路以及两线制 I2C 总线通信方式不但使外围电路极其简洁,而且也增加了芯片的可靠性。模块实物图如图 8-1 所示,模块原理图如图 8-2所示。

图 8-1　模块实物图

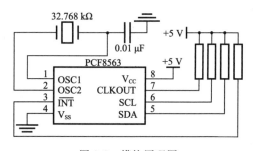

图 8-2　模块原理图

能力目标

(1) 掌握 PCF8563 实时时钟/日历的基本工作原理。

(2) 掌握 PCF8563 实时时钟/日历的性能及编程方法。

(3) 掌握四种报警功能和定时器功能。

(4) 掌握 PCF8563 实时时钟/日历程序的设计、仿真和硬件调试方法。

(5) 培养自主学习、团队协作、拓展创新能力。

知识平台

主要组成:PCF8563。

主要用途:串口输入信号转换成并口输出信号。

1. PCF8563 实时时钟简介

PCF8563 每次读写数据后,内嵌的字地址寄存器会自动产生增量。PCF8563 亦解决了"2000 年"问题。因而,PCF8563 是一款性价比极高的时钟芯片,它已被广泛用于电表、水表、气表、电话、传真机、便携式仪器以及电池供电的仪器仪表等领域。

其主要特性有:

(1) 宽电压范围 1.0~5.5 V,复位电压标准值 $V_{low} = 0.9$ V。

(2) 超低功耗:典型值为 0.25 μA($V_{DD} = 3.0$ V,$T_{amb} = 25$ ℃)。

(3) 可编程时钟输出频率为 32.768 kHz、1 024 Hz、32 Hz、1 Hz。

(4) 具备四种报警功能和定时器功能。

(5) 内含复位电路、振荡器电容和掉电检测电路。

(6) 开漏中断输出。

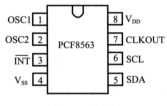

图 8-3 管脚图

(7) 400 kHz I2C 总线($V_{DD} = 1.8~5.5$ V),其从地址读 0A3H,写 0A2H。

PCF8563 管脚如图 8-3 所示,功能见表 8-1。

表 8-1 管脚功能

符号	管脚号	功　能
OSC1	1	振荡器输入
OSC2	2	振荡器输出
$\overline{INT}$	3	中断输出(开漏:低电平有效)
V_{ss}	4	地
SDA	5	串行数据 I/O
SCL	6	串行时钟输入
CLKOUT	7	时钟输出(开漏)
V_{DD}	8	正电源

2. PCF8563 基本工作原理

PCF8563 有 16 个寄存器,包括 1 个可自动增量的地址寄存器、1 个内置 32.768 kHz 的振荡器(带有 1 个内部集成的电容)、1 个分频器(用于给实时时钟 RTC 提供源时钟)、1 个可编程时钟输出、1 个定时器、1 个报警器、1 个掉电检测器和 1 个 400 kHz I²C 总线接口。

16 个寄存器设计成可寻址的 8 位并行寄存器,但不是所有位都有用。前两个寄存器(内存地址 00H、01H)用于控制寄存器和状态寄存器,内存地址 02H~08H 用于时钟计数器(秒~年计数器),地址 09H~0CH 用于报警寄存器(定义报警条件),地址 0DH 控制 CLKOUT 管脚的输出频率,地址 0EH 和 0FH 分别用于定时器控制寄存器和定时器寄存器。秒、分钟、小时、日、月、年、分钟报警、小时报警、日报警寄存器的编码格式为 BCD,星期和星期报警寄存器不以 BCD 格式编码。当一个 RTC 寄存器被读时,所有计数器的内容被锁存,因此,在传送条件下,可以防止对时钟日历芯片的错读。

① 报警功能模式。

一个或多个报警寄存器 MSB(AE＝Alarm Enable 报警使能位)清 0 时,相应的报警条件有效,这样,一个报警将在每分钟至每星期范围内产生一次。设置报警标志位 AF(控制/状态寄存器 2 的位 3)用于产生中断,AF 只可以用软件清除。

② 定时器。

8 位的倒计数器(地址 0FH)由定时器控制寄存器(地址 0EH)控制,定时器控制寄存器用于设定定时器的频率(4 096 Hz、64 Hz、1 Hz 或 1/60 Hz),以及设定定时器有效或无效。

定时器从软件设置的 8 位二进制数倒计数,每次倒计数结束,定时器设置标志位 TF,TF 只可以用软件清除,TF 用于产生一个中断($\overline{\text{INT}}$),每个倒计数周期产生一个脉冲作为中断信号。TI/TP 控制中断产生的条件。当读定时器时,返回当前倒计数的数值。

③ CLKOUT 输出。

管脚 CLKOUT 可以输出可编程的方波。CLKOUT 频率寄存器(地址 0DH)决定方波的频率,CLKOUT 可以输出 32.768 kHz(缺省值)、1 024 Hz、32 Hz、1 Hz 的方波。CLK-OUT 为开漏输出管脚,上电时输出有效,无效时输出为高阻抗。

④ 复位。

PCF8563 包含一个片内复位电路,当振荡器停止工作时复位电路开始工作。在复位状态下,I^2C 总线初始化,寄存器 TF、VL、TD1、TD0、TESTC、AE 被置逻辑 1,其他的寄存器和地址指针被清 0。

⑤ 掉电检测器和时钟监控。

PCF8563 内嵌掉电检测器,当 V_{DD} 低于 V_{low} 时,位 VL(Voltage Low,秒寄存器的位 7)被置 1,用于指明可能产生不准确的时钟/日历信息,VL 标志位只可以用软件清除。当 V_{DD} 慢速降低(例如以电池供电)达到 V_{low} 时,标志位 VL 被设置,这时可能会产生中断。

⑥ PCF8563 内部寄存器。

PCF8563 内部寄存器描述见表 8-2～表 8-24。

表 8-2 寄存器结构

地址	寄存器名称	D7	D6	D5	D4	D3	D2	D1	D0
00H	控制/状态寄存器 1	TEST	0	STOP	0	TESTC	0	0	0
01H	控制/状态寄存器 2	0	0	0	TI/TP	AF	TF	AIE	TIE
02H	秒寄存器	VL	00～59　BCD 码格式数						
03H	分种寄存器	—	00～59　BCD 码格式数						
04H	小时寄存器	—	00～23　BCD 码格式数						
05H	日寄存器	—	00～31　BCD 码格式数						
06H	星期寄存器	—	00～06　BCD 码格式数						
07H	月/世纪寄存器	C	01～12　BCD 码格式数						
08H	年寄存器	00～99　BCD 码格式数							
09H	分钟报警寄存器	AE	00～59　BCD 码格式数						

地址	寄存器名称	D7	D6	D5	D4	D3	D2	D1	D0
0AH	小时钟报警寄存器	AE	00～23　BCD 码格式数						
0BH	日报警寄存器	AE	00～31　BCD 码格式数						
0CH	星期报警寄存器	AE	00～06　BCD 码格式数						
0DH	CLKOUT 频率寄存器	FE	—	—	—	—	—	FD1	FD0
0EH	定时控制寄存器	TE	—	—	—	—	—	TD1	TD0
0FH	定时器倒计数数值寄存器	定时器倒计数数值							

表 8-3　控制/状态寄存器 1 位描述(地址 00H)

Bit	符号	描　　述
7	TEST1	TEST1=0,普通模式;TEST1=1,EXT_CLK 测试模式
5	STOP	STOP=0,芯片时钟运行;STOP=1,所有芯片分频器异步置逻辑 0,芯片时钟停止运行(CLKOUT 在 32.768 kHz 时可用)
3	TESTC	TESTC=0,电源复位功能失效(普通模式时置逻辑 0); TESTC=1,电源复位功能有效
6,4,2,1,0	0	缺省值置逻辑 0

表 8-4　控制/状态寄存器 2 位描述(地址 01H)

Bit	符号	描　　述
7,6,5	0	缺省值置逻辑 0
4	TI/TP	TI/TP=0;当 TF 有效时 INT 有效(取决于 TIE 的状态);TI/TP=1;INT 脉冲有效,参见表 8-5(取决于 TIE 的状态)。注意:若 AF 和 AIE 都有效时 INT 一直有效
3	AF	当报警发生时,AF 被置逻辑 1;在定时器倒计数结束时,TF 被置逻辑 1。它们在被软件重写前一直保持原值,若定时器和报警中断都请求时,中断源由 AF 和 TF 决定。若要清除一个标志位而防止另一个标志位被重写,应运用逻辑指令 AND。标志位 AF 和 TF 值描述参见表 8-6
2	TF	
1	AIE	标志位 AIE 和 TIE 决定一个中断的请求有效或无效,当 AF 或 TF 中一个为"1"时中断是 AIE 和 TIE 都置"1"时的逻辑或。 AIE=0,报警中断无效;AIE=1,报警中断有效; TIE=0,定时器中断无效;TIE=1,定时器中断有效
0	TIE	

表 8-5 $\overline{INT}$操作(TI/TP=1)

源时钟 /Hz	$\overline{INT}$周期	
	$n=1$	$n>1$
4 096	1/8 192	1/4 096
64	1/128	1/64
1	1/64	1/64
1/60	1/64	1/64

表 8-6 AF 和 TF 值描述

R/W	Bit:AF		Bit:TF	
	值	描述	值	描述
Read 读	0	报警标志无效	0	定时器标志无效
	1	报警标志有效	1	定时器标志有效
Write 写	0	报警标志被清除	0	定时器标志被清除
	1	报警标志保持不变	1	定时器标志保持不变

表 8-7 秒寄存器位描述(地址 02H)

Bit	符号	描 述
7	VL	VL=0:保证准确的时候/日历数据; VL=1:不保证准确的时候/日历数据
6~0	<秒>	代表 BCD 格式的当前秒数值,值为 00~99, 例如:<秒>=1 011 001,代表 59 秒

表 8-8 分钟寄存器位描述(地址 03H)

Bit	符号	描 述
7	—	无效
6~0	<分钟>	代表 BCD 格式的当前分钟数值,值为 00~59

表 8-9 小时寄存器位描述(地址 04H)

Bit	符号	描 述
7~6	—	无效
5~0	<小时>	代表 BCD 格式的当前小时数值,值为 00~23

表 8-10 日寄存器位描述(地址 05H)

Bit	符号	描 述
7~6	—	无效
5~0	<日>	代表 BCD 格式的当前日数值,值为 01~31,当年计数器的值是闰年时,PCF8563 自动给二月增加一个值,使其成为 29 天

表 8-11 星期寄存器位描述(地址 06H)

Bit	符号	描　述
7～3	—	无效
2～0	<星期>	代表当前星期数值,值为 0～6,这些位也可由用户重新分配,参见表 8-12

表 8-12 星期分配表

星期	Bit2	Bit1	Bit0	星期	Bit2	Bit1	Bit0
星期日	0	0	0	星期四	1	0	0
星期一	0	0	1	星期五	1	0	1
星期二	0	1	0	星期六	1	1	0
星期三	0	1	1				

表 8-13 月/世纪寄存器位描述(地址 07H)

Bit	符号	描　述
7	C	C 为世纪位,C＝0 指定世纪数为 20××,C＝1 指定世纪数为 19××,"××"为年寄存器中的值,参见表 8-15。当年寄存器中的值由 99 变为 00 时,世纪位会改变
6～5	—	无用
4～0	<月>	代表 BCD 格式的当前月份,值为 01～12,参见表 8-14

表 8-14 月分配表

月份	Bit4	Bit3	Bit2	Bit1	Bit0	月份	Bit4	Bit3	Bit2	Bit1	Bit0
一月	0	0	0	0	1	七月	0	0	1	1	1
二月	0	0	0	1	0	八月	0	1	0	0	0
三月	0	0	0	1	1	九月	0	1	0	0	1
四月	0	0	1	0	0	十月	1	0	0	0	0
五月	0	0	1	0	1	十一月	1	0	0	0	1
六月	0	0	1	1	0	十二月	1	0	0	1	0

表 8-15 年寄存器位描述(地址 08H)

Bit	符号	描　述
7～0	<年>	代表 BCD 格式的当前数值,值为 00～99

表 8-16 分钟报警寄存器位描述(地址 09H)

Bit	符号	描　述
7	AE	AE＝0,分钟报警有效;AE＝1,分钟报警无效
6～0	<分钟报警>	代表 BCD 格式的分钟报警数值,值为 00～59

表 8-17　小时报警寄存器位描述(地址 0AH)

Bit	符号	描　述
7	AE	AE＝0,小时报警有效;AE＝1,小时报警无效
6～0	＜小时报警＞	代表 BCD 格式的小时报警数值,值为 00～23

表 8-18　日报警寄存器位描述(地址 0BH)

Bit	符号	描　述
7	AE	AE＝0,日报警有效;AE＝1,日报警无效
6～0	＜日报警＞	代表 BCD 格式的日报警数值,值为 00～31

表 8-19　星期报警寄存器位描述(地址 0CH)

Bit	符号	描　述
7	AE	AE＝0,星期报警有效;AE＝1,星期报警无效
6～0	＜星期报警＞	代表 BCD 格式的星期报警数值,值为 0～6

表 8-20　CLKOUT 频率寄存器位描述(0DH)

Bit	符号	描　述
7	FE	FE＝0,CLKOUT 输出被禁止并设成高阻抗; FE＝1,CLKOUT 输出有效
6～2	—	无效
1	FD1	用于控制 CLKOUT 的频率输出管脚 f_{CLKOUT}
0	FD0	参见表 8-21

表 8-21　CLKOUT 频率选择表

FD1	FD2	f_{CLKOUT}/Hz
0	0	32 768
0	1	1 024
1	0	32
1	1	1

表 8-22　定时器控制器寄存器位描述(地址 0EH)

Bit	符号	描　述
7	TE	TE＝0,定时器无效;TE＝1,定时器有效
6～2	—	无用
1	TD1	定时器时钟频率选择位决定倒计数定时器的时钟频率,不用 TD1 和 TD0 应设为
0	TD0	"11"(1/60 Hz),以降低电源损耗,参见表 8-23

表 8-23　定时器时钟频率选择

FD1	FD2	时钟频率/Hz
0	0	4 096
0	1	64
1	0	1
1	1	1/60

表 8-24　定时器倒计数数值寄存器位描述(地址 OFH)

Bit	符号	描　　述
7~0	<定时器倒计数数值>	倒计数数值为 n,则倒计数周期＝n/时钟频率

◆ 任务实施

1.讨论决策、制订计划

小组成员集体讨论,得出实施决策,制订工作计划,合理安排工作进程。根据已学理论知识和操作技能,结合实习情景,填写工作实施计划(见表 8-25)。

表 8-25　PCF8563 实时时钟/日历工作计划

工作时间	共　　　　小时	审核:	
计划实施步骤	①		计划指南: 　制订计划需考虑合理性和可行性,可参考以下工序: →程序编写 →仿真调试 →硬件装调 →创新操作 →综合评价
	②		
	③		
	④		
	⑤		

2.任务实施

(1)准备器材。

为完成工作任务,组员需要填写仪器仪表借用清单(见表 8-26)和电子元器件领取清单(见表 8-27)。

表 8-26 仪器仪表借用清单

任务单号：　　　　　　　　领料组别：　　　　　　　　　　年　　月　　日

序号	名称与规格型号	数量	借出时间	借用人	归还时间	归还人	管理员签名

表 8-27 电子元器件领取清单

任务单号：　　　　　　　　领料组别：　　　　　　　　　　年　　月　　日

序号	名称与规格型号	申领数量	实发数量	是否归还	归还人签名	管理员签名

（2）硬件制作。

① 使用高精度激光打印机打印 PCB 图，采用热转印方法制作电路板。

② PCB 设计布局合理、走线简洁、大面积接地、元器件排列整齐。

③ PCF8563 采用集成插座安装，插装时注意引脚顺序是否正确。

（3）实训步骤。

① 依次将实训模块置入实训箱内部。

② 将仿真器数据线接入 D12 模块仿真器接口。

③ 接电源线：关闭实训箱 5 V 电源开关，将实训箱＋5 V、GND 分别接入每个实训模块。

④ 接信号线：P1(D12)接数码管段(D02)，P2(D12)接数码管位(D02)，P0.1(D12)、P0.0(D12)分别接 CLK(D14)、SDA(D14)。

⑤ 检查电源线、信号线是否正确，如果正确则接通实训箱 5 V 电源开关，打开仿真器开关，运行程序，观察实训现象。

⑥ 实训现象：显示时间。

（4）参考程序。

程序名称：PCF8563

;8 位动态数码管显示，P0 接数码管段，P2 接数码管位，SDA 接 P3.7，SCL 接 P3.6

```
            SDA      BIT    P3.7          ;定义 24C02 数据线
            SCL      BIT    P3.6          ;定义 24C02 时钟线
            DISBUF   EQU    2FH
            DISDIG   EQU    2EH
;————————————————————————————————————————————
            ORG      0000H
```

```
            AJMP      MAIN
            ORG       000BH
            LJMP      INT0P
            ORG       0030H
;─────────────────────────────────────────────
MAIN：       LCALL     DELAY_5MS
            MOV       SP,＃60H
            ACALL     WRITE_DATA
            MOV       DISBUF,＃50H
            MOV       DISDIG,＃11111110B
            MOV       TMOD,＃01H
            MOV       TH0,＃0FCH
            MOV       TL0,＃17H
            SETB      EA
            SETB      ET0
            SETB      TR0
M_LOOP：     ACALL     READ_DATA
            LCALL     Q000
            LCALL     UPDATA
            JMP       M_LOOP
INT0P：      PUSH      ACC
            PUSH      PSW
            PUSH      00H
            MOV       DPTR,＃TABLE
            MOV       TH0,＃0FCH
            MOV       TL0,＃017H
            MOV       P2,＃0FFH              ;先关闭所有数码管
            MOV       R0,DISBUF
            MOV       A,@R0
            MOVC      A,@A＋DPTR
            MOV       P0,A
            MOV       A,DISDIG
            MOV       P2,A
            SETB      C
            RL        A
            MOV       DISDIG,A
            INC       DISBUF
            MOV       A,DISBUF
            CJNE      A,＃56H,EXITINT0P
            MOV       DISBUF,＃50H
```

```
                    MOV      DISDIG,＃11111110B
EXITINT0P：          POP      00H
                    POP      PSW
                    POP      ACC
                    RETI
Q000：               MOV      A,40H              ;取秒字节
                    ANL      A,＃7FH            ;屏蔽无效位
                    MOV      40H,A
                    MOV      A,41H              ;取分钟字节
                    ANL      A,＃7FH            ;屏蔽无效位
                    MOV      41H,A
                    MOV      A,42H              ;取小时字节
                    ANL      A,＃3FH            ;屏蔽无效位
                    MOV      42H,A
                    MOV      A,43H              ;取天字节
                    ANL      A,＃3FH            ;屏蔽无效位
                    MOV      43H,A
                    MOV      A,44H              ;取星期字节
                    ANL      A,＃07H            ;屏蔽无效位
                    MOV      44H,A
                    MOV      A,45H              ;取月字节
                    ANL      A,＃9FH            ;屏蔽无效位最高位为世纪位
                    MOV      45H,A
                    NOP                         ;在此设置断点观察 MRD 区,其
                                                 数据顺序对应于 PCF8563 的寄
                                                 存器 02H～08H
                    RET
UPDATA：             MOV      A,40H
                    ANL      A,＃0FH
                    MOV      50H,A
                    MOV      A,40H
                    SWAP     A
                    ANL      A,＃0FH
                    MOV      51H,A
                    MOV      A,41H
                    ANL      A,＃0FH
                    MOV      52H,A
                    MOV      A,41H
                    SWAP     A
                    ANL      A,＃0FH
```

```
            MOV     53H,A
            MOV     A,42H
            ANL     A,♯0FH
            MOV     54H,A
            MOV     A,42H
            SWAP    A
            ANL     A,♯0FH
            MOV     55H,A
            MOV     A,43H
            ANL     A,♯0FH
            MOV     56H,A
            MOV     A,43H
            SWAP    A
            ANL     A,♯0FH
            MOV     57H,A
            RET
```

;———
;写 N 字节数据子程序
;查表写入数据 24C02
;———

```
WRITE_DATA：MOV     R0,♯00H              ;数据写入首地址
            MOV     R1,♯09              ;共写入 72 个字节的数据
            MOV     DPTR,♯TAB           ;查表
WR_LOOP：    CLR     A
            MOVC    A,@A＋DPTR
            MOV     B,A
            LCALL   WRITE_BYTE          ;将查表结果写入 24C02
            INC     R0                  ;地址＋1
            INC     DPTR                ;数据指针＋1
            DJNZ    R1,WR_LOOP          ;72 个数写入完毕
            RET
```

;———
;读 N 字节数据子程序
;从 24C02 读出数据,送 P0 口显示
;———

```
READ_DATA：MOV     R0,♯02H              ;设定读取的初始地址
            MOV     R1,♯40H
            MOV     R3,♯04H
Q0000：      LCALL   READ_BYTE           ;读 EEPROM
            CALL    STOP
```

```
                MOV     @R1,A
                INC     R0
                INC     R1
                DJNZ    R3,Q0000
                RET
```

;——————————————————————————————————

;写操作子程序

;输入参数：R0——要写入的地址,B——要写入的数据

;——————————————————————————————————

```
WRITE_BYTE:     CALL    START
                MOV     A,#0A2H
                CALL    SENDBYTE
                CALL    WAITACK
                MOV     A,R0
                CALL    SENDBYTE
                CALL    WAITACK
                MOV     A,B
                CALL    SENDBYTE
                CALL    WAITACK
                CALL    STOP
                MOV     R4,#1           ;每写入1个字节,延时若干 ms
                CALL    DELAY_5MS
                RET
```

;——————————————————————————————————

;读操作子程序

;输入参数:R0——要读的字节地址

;输出参数:A——结果

;——————————————————————————————————

```
READ_BYTE:      CALL    START
                MOV     A,#0A2H
                CALL    SENDBYTE
                CALL    WAITACK
                MOV     A,R0
                CALL    SENDBYTE
                CALL    WAITACK
                CALL    START
                MOV     A,#0A3H
                CALL    SENDBYTE
                CALL    WAITACK
                CALL    RCVBYTE
```

```
                        RET
;————————————————————————————————————
;从 IIC 总线上接收一个字节数据
;出口参数:A——接收数据存放在 A 中
;————————————————————————————————————
RCVBYTE:        MOV     R7,#08          ;一个字节共接收 8 位数据
                CLR     A
                SETB    SDA             ;释放 SDA 数据线
R_BYTE:         CLR     SCL
                NOP
                NOP
                NOP
                NOP
                SETB    SCL             ;启动一个时钟周期,读总线
                NOP
                NOP
                NOP
                NOP
                MOV     C,SDA           ;将 SDA 状态读入 C
                RLC     A               ;结果移入 A
                SETB    SDA             ;释放 SDA 数据线
                DJNZ    R7,R_BYTE       ;判断 8 位数据是否接收完全
                RET
;————————————————————————————————————
;向 IIC 总线发送一个字节数据
;入口参数:A——待发送数据存放在 A 中
;————————————————————————————————————
SENDBYTE:       MOV     R7,#08
S_BYTE:         RLC     A
                MOV     SDA,C
                SETB    SCL
                NOP
                NOP
                NOP
                NOP
                CLR     SCL
                DJNZ    R7,S_BYTE       ;判断 8 位数据是否发送完毕
                RET
;————————————————————————————————————
;等待应答信号
```

;等待从机返回一个响应信号

;————————————————————————————

```
WAITACK：    CLR     SCL
            SETB    SDA              ;释放 SDA 信号线
            NOP
            NOP
            SETB    SCL
            NOP
            NOP
            NOP
            MOV     C,SDA
            JC      WAITACK          ;SDA 为低电平,返回响应信号
            CLR     SDA
            CLR     SCL
            RET
```

;————————————————————————————

;启动信号子程序

;————————————————————————————

```
START：      SETB    SDA
            SETB    SCL
            NOP
            CLR     SDA
            NOP
            NOP
            NOP
            NOP
            CLR     SCL
            RET
```

;————————————————————————————

;停止信号子程序

;————————————————————————————

```
STOP：       CLR     SDA
            NOP
            SETB    SCL
            NOP
            NOP
            NOP
            NOP
            SETB    SDA
            NOP
```

```
                NOP
                CLR     SCL
                CLR     SDA
                RET
```

;——

;延时 5 ms 子程序

;输入参数:R4——R4×5 ms

;输出参数:无

;影响资源:R4、R5、R6 等

;——

```
DELAY_5MS:      MOV     R6,#255
DE_LP:          MOV     R5,#255
                DJNZ    R5,$
                DJNZ    R6,DE_LP
                RET
```

;——

```
TAB:            DB      00H,00H,00H,30H,10H,27H,02H,12H
                DB      05H
```

;——

```
TABLE:          DB      0C0H,0F9H,0A4H,0B0H,99H,92H,82H,0F8H,
                        80H,90H

                END
```

(5) 仿真和烧写。

单片机写入程序后,按 PCF8563 引脚号正确插入电路板。电路检查无误后,接上 5 V 电源,打开仿真器开关,运行程序,观察显示时间。

实训模块:D02、D12、D14。

接线图如图 8-4 所示。

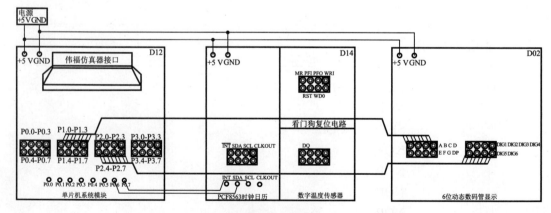

图 8-4　接线图

◆ **想一想**

（1）若在时钟中增加两个按键，使其具备秒加1、减1功能，硬件和程序该怎样修改？

（2）若电子时钟的数码管亮度不够，有什么解决办法？

（3）总结（见表8-28）。

本次任务使自己学习到哪些知识，积累了哪些经验，记录下来以利于提升自己的技能水平。

表8-28 工作总结

正确装调方法	
错误装调方法	
经验总结	

◆ **知识拓展**

单片机和数码管配合可以组成很多计数显示电路，比如八进制计数显示、十六进制计数显示、定时器或其他一些计数显示器等。试利用电子时钟的硬件电路，重新编写一段定时器程序。定时器最小显示单位为0.01 s，最长计时99 min，四个按键分别实现启动、暂停、停止和清零功能。查阅相关资料，收集和参考单片机时钟显示程序，赶紧制订计划并实施吧。

任务九
语音控制（录、放音）

任务名称

语音控制（录、放音）。

任务描述

ISD1730 是华邦 ISD 公司 2007 年推出的单片优质语音录放电路，该芯片提供多项新功能，包括内置专利的多信息管理系统、新信息提示（valert）、双运作模式（独立 & 嵌入式）以及可定制的信息操作指示音效。芯片内部包含自动增益控制、麦克风前置扩大器、扬声器驱动线路、振荡器与内存等的全方位整合系统功能。模块实物图和模块原理图分别如图 9-1 和图 9-2 所示。

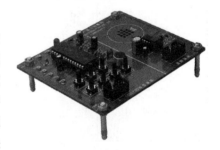

图 9-1　模块实物图

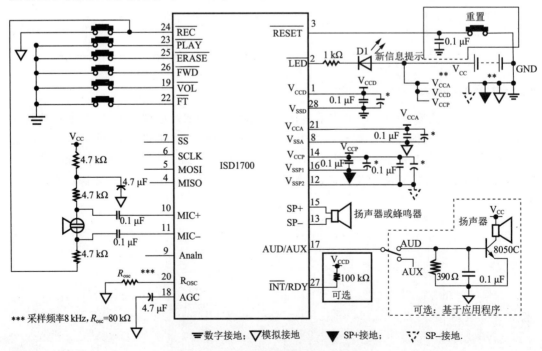

图 9-2　模块原理图

◆ 能力目标

（1）掌握语音芯片 ISD1730 录、放音的基本工作原理。

（2）掌握语音芯片 ISD1730 录、放音的性能及编程方法。

（3）了解语音芯片 ISD1730 录、放音独立手动按键的工作模式。

（4）了解语音芯片 ISD1730 录、放音的基本方法。

（5）掌握语音芯片 ISD1730 录、放音程序的设计、仿真和硬件调试。

（6）培养自主学习、团队协作、拓展创新能力。

◆ 知识平台

主要组成：麦克风、ISD1730。

主要用途：录放 30 s 的语音，增加系统语意提示功能。

1. 特点

（1）可录、放音十万次，存储内容可以断电保留一百年。

（2）具有两种控制方式、两种录音输入方式、两种放音输出方式。

（3）可处理多达 255 段信息。

（4）有丰富多样的工作状态提示。

（5）多种采样频率对应多种录放时间。

（6）音质好、电压范围宽、应用灵活、物美价廉。

2. 电特性

（1）工作电压为 2.4～5.5 V，最高不能超过 6 V。

（2）静态电流为 0.5～1 μA。

（3）工作电流为 20 mA。

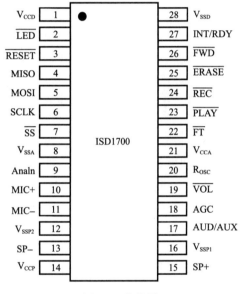

图 9-3　管脚图

用户可利用振荡电阻来自定义芯片的采样频率，从而决定芯片的录放时间和录放音质。管脚如图 9-3 所示，表 9-1 为 ISD1730 的参数表。

表 9-1　ISD1730 参数

时间/s	20	30	37	45	60
采样频率/kHz	12	8	6.4	5.3	4
R_{OSC} 阻值/ kΩ	60	80	100	120	160

3. 独立手动按键工作模式

ISD1730 的独立手动按键工作模式不仅录放电路简单，而且功能强大。独立按键工作模式不仅有录、放功能，还有快进、擦除、音量控制、直通放音和复位等功能，这些功能仅仅通过按键就可以完成。独立手动按键模式工作时，芯片可以通过 LED 管脚给出的信号来提示芯片的工作状态，并且伴随有提示音，用户也可自定义 4 种提示音效。

（1）录音操作。

按下 REC 键，REC 管脚电平变低后开始录音，直到松开按键使电平拉高或者芯片录满时结束。录音结束后，录音指针自动移向下一个有效地址，而放音指针则指向刚刚录完的那段语音地址。

（2）放音操作。

放音操作有两种模式，分别是边沿触发和电平触发，都由 PLAY 管脚触发。

① 边沿触发模式。

点按一下 PLAY 键，PLAY 管脚电平变低便开始播放当前的语音，并在遇到 EOM 标志后自动停止。放音结束后，播放指针停留在刚播放的语音起始地址处，再次点按放音键会重新播放刚才的语音。在放音期间，LED 灯闪烁直到放音结束时熄灭。如果在放音期间点按放音键会停止放音。

② 电平放音模式。

如果一直按住 PLAY 键，使 PLAY 管脚电平持续为低，那么芯片内所有语音信息都会播放出来，并且循环播放直到松开按键将 PLAY 管脚电平拉高。在放音期间 LED 闪烁。当放音停止，播放指针会停留在当前停止的语音段起始位置。

（3）快进操作。

点按一下 FWD 按钮，将 FWD 端拉低会启动快进操作。快进操作用来将播放指针移向下一段语音信息。当播放指针到达最后一段语音处时再次快进，指针会返回到第一段语音。当下降沿来到 FWD 端时，快进操作还要取决于芯片当时的状态。

① 如果芯片在掉电状态并且当前播放指针的位置不在最后一段，那么指针会前进一段，到达下一段语音处。

② 如果芯片在掉电状态并且当前播放指针的位置在最后一段，那么指针会返回到第一段语音处。

③ 如果芯片正在播放一段语音（非最后一段），那么此时放音停止，播放指针前进到下一段，紧接着播放新的语音。

④ 如果芯片正在播放最后一段语音，那么此时放音停止，播放指针返回到第一段语音，紧接着播放第一段语音。

（4）擦除操作。

擦除操作分为单段擦除和全体擦除两种，区别如下。

① 单段擦除。

只有第一段或最后一段语音可以被单段擦除。点按一下 ERASE 键将 ERASE 管脚拉低，这时具体的擦除情况要看播放指针的状态。

a. 如果芯片空闲并且播放指针指向第一段语音，则会删除第一段语音，播放指针指向新的第一段语音（执行擦除操作前的第二段）。

b. 如果芯片空闲并且播放指针指向最后一段语音，则会删除最后一段语音，播放指针指向新的最后一段语音（执行擦除操作前的倒数第二段）。

c. 如果芯片空闲并且播放指针指向没有指向第一段或最后一段语音，则不会删除任何语音，播放指针也不会被改变。

d. 如果芯片当前正在播放第一段或最后一段语音，点按下 ERASE 键会删除当前语音。

② 全体擦除。

当按下 ERASE 键,将 ERASE 管脚电平拉低超过 2.5 s 会触发全体擦除操作,删除全部语音信息。

(5) 复位操作。

如果用 RESET 控制此管脚,建议 RESET 管脚与地之间连接一个 $0.1\ \mu F$ 的电容。当 RESET 被触发,芯片将播放指针和录音指针都放置在最后一段语音信息的位置。

(6) 音量操作。

点按一下 VOL 键将 VOL 管脚拉低会改变音量大小。每按一下,音量会减小一挡,到达最小挡后再按 VOL 键会增加音量直到最大挡,如此循环。总共有 8 个音量挡供用户选择,每一挡会改变 4 dB。复位操作会将音量挡放在默认位置,即最大音量。

(7) FT 直通操作。

按住 FT 键将 FT 管脚持续保持在低电平会启动直通模式。出厂设定的是在芯片空闲状态,直通操作会将语音从 Analn 端直接通往喇叭端或 AUD 输出口。在录音期间按下 FT 键,会同时录下 Analn 进入的语音信号。

◆ 任务实施

1.讨论决策、制订计划

小组成员集体讨论,得出实施决策,制订工作计划,合理安排工作进程。根据已学理论知识和操作技能,结合实习情景,填写工作实施计划(见表 9-2)。

表 9-2　语音控制(录、放音)工作计划

工作时间	共　　　小时		审核:	
计划实施步骤	①			计划指南: 　制订计划需考虑合理性和可行性,可参考以下工序: →程序编写 →仿真调试 →硬件装调 →创新操作 →综合评价
	②			
	③			
	④			
	⑤			

2.任务实施

(1) 准备器材。

为完成工作任务,组员需要填写仪器仪表借用清单(见表 9-3)和电子元器件领取清单(见表 9-4)。

表9-3　仪器仪表借用清单

任务单号：　　　　　　　　领料组别：　　　　　　　　　年　　　月　　　日

序号	名称与规格型号	数量	借出时间	借用人	归还时间	归还人	管理员签名

表9-4　电子元器件领取清单

任务单号：　　　　　　　　领料组别：　　　　　　　　　年　　　月　　　日

序号	名称与规格型号	申领数量	实发数量	是否归还	归还人签名	管理员签名

（2）硬件制作。

① 使用高精度激光打印机打印 PCB 图，采用热转印方法制作电路板。

② PCB 设计布局合理、走线简洁、大面积接地、元器件排列整齐。

③ 芯片 ISD1730 采用集成插座安装，插装时注意引脚顺序是否正确。

④ 独立手动按键排列成一行，安装整齐、高度一致。

（3）实训步骤。

① 手动实训。

SP 接 VIN（音频功放，用短路块将 5 V 与 ON 短路），按下 REC 键不放，LED 指示灯亮，此时可对准 MIC 麦克风开始录音，松开 REC 键即录完一段。如果继续录音，同样操作，不过地址指针会自动向下加 1，不会覆盖前面的内容。放音时，按下 PLAY 键，即播放当前地址的内容。

② 联机 SPI 程序控制。

P1.0 接 $\overline{SS}$，P1.1 接 SCLK，P1.2 接 MOSI，P1.3 接 MISO；

P1.4 接 K1（K1＝1 录音，K1＝0 放音）；

P1.5 接 K2（复位，"0"低电平时复位，正常工作时应打在"1"高电平）；

P1.6 接 K3（录音时，K3 置低电平，运行程序，L1 亮，若 L1 不亮，则重新装载运行直至 L1 亮，此时可以录音；放音时，重新装载运行程序，K3 给一个脉冲，L1 亮即可放音）；

P1.7 接 K4（"1"高电平时 MIC 录音，"0"低电平时线路录音）；

P3.1 接 LED（发光二极管）。

录音开关初始状态：K1 高电平、K2 高电平、K3 高电平、K4 高电平，录音时 K3 低电平开始录音，L1 亮。

放音开关初始状态：K1 低电平、K2 高电平、K3 高电平、K4 高电平，放音时 K3 状态高—低—高后开始放音。

录放音时将开关设置好,调入程序运行。

(4) 参考程序。

程序名称:ISD1730。

SS	EQU	P1.0	;片选
SCLK	EQU	P1.1	;ISD1730 时钟
MOSI	EQU	P1.2	;数据输入
MISO	EQU	P1.3	;数据输出
LED	EQU	P3.1	;指示灯 LED
AN	EQU	P1.6	;执行 K3
STOP	EQU	P1.5	;复位 K2
PR	EQU	P1.4	;PR=1 录音,PR=0 放音,K1
MORA	EQU	P1.7	;K4

```
;* * * * * * * * * * * * * * * * * * * * * * * * * * * * * * * * * * *
;20H～25H 为 SPI 命令字的 1～6 位存储单元
;* * * * * * * * * * * * * * * * * * * * * * * * * * * * * * * * * * *
                ORG     0000H
                AJMP    MAIN
MAIN:           MOV     SP,#70H
                MOV     P1,#0FFH
                MOV     P2,#0FFH
                MOV     P3,#0FFH
                MOV     P0,#0FFH
                CLR     EA
MAII:           ACALL   REST
                ACALL   DSTOP       ;ISD 掉电
                SETB    LED         ;关指示灯
MAS0:           MOV     3AH,#200
                JNB     STOP,REC6
MAS1:           JB      AN,MAS0     ;按 AN 键
                DJNZ    3AH,MAS1
PU:             ACALL   UP          ;ISD 上电
                JB      MORA,MICREC ;如果 MIC 录音,APC=0440H;
                                    ;如果 ANAIN 录音,APC=0480H
                MOV     21H,#08H
                MOV     22H,#04H
                AJMP    GOON
MICREC:         MOV     21H,#40H
                MOV     22H,#04H
GOON:           ACALL   WR_APC      ;写 APC
                ACALL   YS50        ;50 ms 延时
                ACALL   WAITRDY     ;等待 RDY=1
```

```
                ACALL    YS50                  ;50 ms 延时
                ACALL    CLRINT                ;清除中断
                ACALL    YS50                  ;50 ms 延时
                ACALL    WAITRDY               ;等待 RDY＝1
                ACALL    YS50                  ;50 ms 延时
                ACALL    CHK_MEM               ;环状存储检查
                ACALL    YS50                  ;50 ms 延时
                JB       PR,REC                ;PR＝1,录音
                AJMP     PLAY                  ;PR＝0,放音
REC：           MOV      36H,＃60
REC1：          ACALL    YS50                  ;延时录音
                DJNZ     36H,REC1
REC2：          MOV      20H,＃51H             ;发送 REC 命令
                MOV      21H,＃00H
                MOV      A,20H
                ACALL    SPIO
                MOV      A,21H
                ACALL    SPIO
                SETB     SS                    ;关片选
                ACALL    CHECKRDY
                JNB      ACC.3,REC1
                CLR      LED                   ;开 LED 灯
REC3：          MOV      35H,＃200
REC4：          ACALL    CHECKFULL
                JNB      AN,REC3
                DJNZ     35H,REC4
                SETB     LED
                ACALL    CLRINT
                ACALL    STOPP
REC5：          JNB      STOP,REC6
                JB       AN,REC5
                ACALL    STOPP
                ACALL    CLRINT
                ACALL    WAITRDY
                ACALL    CHK_MEM
                AJMP     REC
REC6：          MOV      R1,＃60H
TOERASE：
                JB       STOP,TOPD
                ACALL    YS50
                DJNZ     R1,TOERASE
```

```
                ACALL    G_ERASE
                MOV      R1,♯03H
LEDWAIT：       CLR      LED
                ACALL    LEDELAY
                SETB     LED
                ACALL    LEDELAY
                DJNZ     R1,LEDWAIT
TOPD：          ACALL    STOPP
                ACALL    CLRINT
                AJMP     MAII
REC7：          SETB     LED
                MOV      36H,♯10
REC8：          ACALL    YS50
                JB       AN,REC6
                DJNZ     36H,REC8
                CLR      LED
                MOV      36H,♯10
REC9：          ACALL    YS50
                JB       AN,REC6
                DJNZ     36H,REC9
                AJMP     REC7
PLAY：          JNB      AN,PLAY
                ;放音 PLAY,也可以用 SET_PLAY 放音
REPLAY：        MOV      20H,♯40H
                MOV      21H,♯00H
                MOV      A,20H
                ACALL    SPIO
                MOV      A,21H
                ACALL    SPIO
                SETB     SS
                ACALL    CHECKSR
                JB       ACC.0,REPLAY
                CLR      LED
PLAY1：         JNB      STOP,REC6
                ACALL    CHECKRDY
                JNB      ACC.0,PLAY1
                SETB     LED
                ACALL    STOPP
PLAY2：         JNB      STOP,REC6
                JB       AN,PLAY2
                ACALL    FWD
```

```
                ACALL    CHECKRDY
                ACALL    CHK_MEM
                AJMP     PLAY
                ;扫描 ISD1700 状态寄存器 SR1
CHECKRDY：      MOV      20H,♯05H
                MOV      21H,♯00H
                MOV      22H,♯00H
CHECKRDY1：ACALL    RDSTATUS
                MOV      A,20H
                ACALL    SPIO
                MOV      26H,A
                MOV      A,21H
                ACALL    SPIO
                MOV      27H,A
                MOV      A,22H
                ACALL    SPIO
                MOV      28H,A
                RET
                ;扫描 ISD1700 状态寄存器 SR0
CHECKSR：       MOV      20H,♯05H
                ACALL    RDSTATUS
                MOV      A,20H
                ACALL    SPIO
                MOV      26H,A
                RET
                ;等待 ISD1700 状态寄存器 SR1.0 位(RDY)置 1
WAITRDY：       ACALL    CHECKRDY
                JNB      ACC.0,WAITRDY
                RET
                ;检测 ISD1700 状态寄存器 SR0.1 位(FULL),是否为 1
CHECKFULL：ACALL    RDSTATUS
                MOV      A,20H
                ACALL    SPIO
                JNB      ACC.1,CHECKFULL2
                ACALL    REC7
CHECKFULL2：RET
                ;清楚中断标志 INT 指令<< CLR_INT >>
CLRINT：        MOV      20H,♯04H
                MOV      21H,♯00H
                MOV      A,20H
                ACALL    SPIO
```

```
              MOV     A,21H
              ACALL   SPIO
              SETB    SS
              ACALL   YS50              ;50 ms 延时
              ACALL   YS50              ;50 ms 延时
              ACALL   YS50              ;50 ms 延时
              ACALL   YS50              ;50 ms 延时
              RET
              ;ISD1700 上电 << POWERUP >>
UP：          MOV     20H,#01H
              MOV     21H,#00H
              MOV     A,20H
              ACALL   SPIO
              MOV     A,21H
              ACALL   SPIO
              SETB    SS
              ACALL   YS50              ;50 ms 延时
              ACALL   YS50              ;50 ms 延时
              ACALL   YS50              ;50 ms 延时
              ACALL   YS50              ;50 ms 延时
              RET
              ;停止当前操作<< STOP >>
STOPP：       MOV     20H,#02H
              MOV     21H,#00H
              MOV     A,20H
              ACALL   SPIO
              MOV     A,21H
              ACALL   SPIO
              SETB    SS
              ACALL   YS50              ;50 ms 延时
              ACALL   YS50              ;50 ms 延时
              ACALL   YS50              ;50 ms 延时
              ACALL   YS50              ;50 ms 延时
              RET
              ;检测环行内存指令<< CHK_MEM >>
CHK_MEM：     MOV     20H,#49H
              MOV     21H,#00H
              MOV     A,20H
              ACALL   SPIO
              MOV     A,21H
              ACALL   SPIO
```

```
                SETB      SS
                ACALL     YS50                    ;50 ms 延时
                ACALL     YS50                    ;50 ms 延时
                RET
                ;快进指令<<FWD>>
FWD:            MOV       20H,♯48H
                MOV       21H,♯00H
                MOV       A,20H
                ACALL     SPIO
                MOV       A,21H
                ACALL     SPIO
                SETB      SS
                ACALL     YS50                    ;50 ms 延时
                ACALL     YS50                    ;50 ms 延时
                RET
                ;停止当前操作掉电<< PD >>
DSTOP:         MOV       20H,♯07H
                MOV       21H,♯00H
                MOV       A,20H
                ACALL     SPIO
                MOV       A,21H
                ACALL     SPIO
                SETB      SS
                ACALL     YS50                    ;50 ms 延时
                ACALL     YS50                    ;50 ms 延时
                RET
                ;写入 APC 寄存器指令<< WR_APC2 >>,写入内容放置在 21H、
                22H 里
WR_APC:        MOV       20H,♯65H
                MOV       A,20H
                ACALL     SPIO
                MOV       A,21H
                ACALL     SPIO
                MOV       A,22H
                ACALL     SPIO
                SETB      SS
                ACALL     YS50                    ;50 ms 延时
                ACALL     YS50                    ;50 ms 延时
                RET
                ;读取 SR 状态寄存器指令<< RD_STATUS >>
RDSTATUS:      MOV       20H,♯05H
```

```
              MOV      21H,#00H
              MOV      22H,#00H
              MOV      A,20H
              ACALL    SPIO
              MOV      A,21H
              ACALL    SPIO
              MOV      A,22H
              ACALL    SPIO
              SETB     SS
              ACALL    YS50              ;50 ms 延时
              ACALL    YS50              ;50 ms 延时
              RET
G_ERASE：     MOV      20H,#43H
              MOV      21H,#00H
              MOV      A,20H
              ACALL    SPIO
              MOV      A,21H
              ACALL    SPIO
              SETB     SS                ;关片选
              ACALL    YS50              ;50 ms 延时
              ACALL    YS50              ;50 ms 延时
              ACALL    YS50              ;50 ms 延时
              ACALL    YS50              ;50 ms 延时
              RET
              ;复位指令<< RESET >>
REST：        MOV      20H,#03H
              MOV      21H,#00H
              MOV      A,20H
              ACALL    SPIO
              MOV      A,21H
              ACALL    SPIO
              SETB     SS
              ACALL    YS50              ;50 ms 延时
              ACALL    YS50              ;50 ms 延时
              RET
;* * * * * * * * * * * * * * * * * * * * * * * * * * * * * * *
;89C51 模拟 SPI 口发送和接收子程序
;* * * * * * * * * * * * * * * * * * * * * * * * * * * * * * *
SPIO：        SETB     SCLK
              CLR      SS
```

```
              MOV      R6,#08
SPIO1：       CLR      SCLK
              NOP
              NOP
              MOV      C,MISO
              RRC      A
              MOV      MOSI,C
              NOP
              NOP
              SETB     SCLK
              DJNZ     R6,SPIO1
              CLR      MOSI
              RET
              ;LED 延迟
LEDELAY：     MOV      R2,#08H
LEDELAY1：    ACALL    YS50              ;50 ms 延时
              ACALL    YS50              ;50 ms 延时
              ACALL    YS50              ;50 ms 延时
              DJNZ     R2,LEDELAY1
              RET
;＊＊＊＊ 50 ms 延时 ＊＊＊＊
YS50：        MOV      TMOD,#01H
              MOV      TH0,#3CH          ;50 ms 延时初值置入
              MOV      TL0,#0B0H         ;(65 536－X)×1＝50 ms
              SETB     TR0               ;65 536－(50 000/1)
              JNB      TF0,$
              CLR      TF0
              CLR      TR0
              RET
              END
```

(5) 仿真和烧写。

单片机写入程序后,按 ISD1730 引脚号正确插入电路板。电路检查无误后,接上 5 V 电源,打开仿真器开关,运行程序,录、放音时将开关设置好,调入程序运行,即可录、放音。

实训目的:熟悉语音芯片 ISD1730 录、放音的工作原理,利用单片机控制语音芯片录、放音,增加系统的语音提示功能。

实训模块:D01、D06、D12、D16。

接线图如图 9-4 所示。

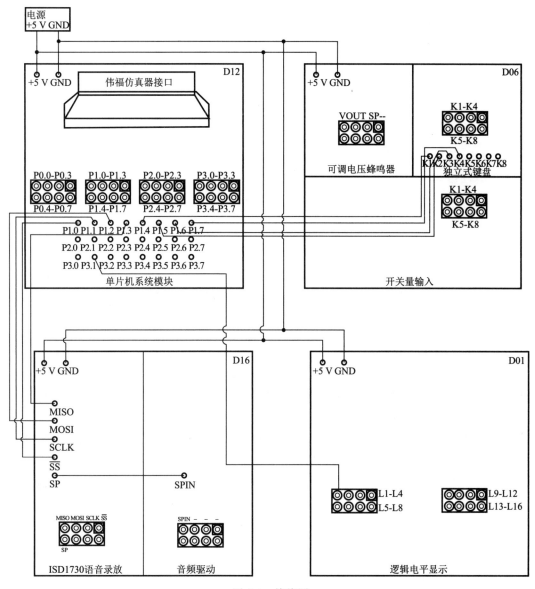

图 9-4 接线图

想一想

（1）若在线路不变的情况下录放 100 s 的语音，应如何更改程序？

（2）在任务调试过程中会出现哪些问题？

（3）总结（见表 9-5）。

本次任务使自己学习到哪些知识，积累了哪些经验，记录下来以提升自己的技能水平。

表 9-5　工作总结

正确装调方法	
错误装调方法	
经验总结	

◆ 知识拓展

系统以 SP51 单片机为控制核心，实现对人语音的识别控制。系统采用的主控芯片为 Atreel 公司的 ATMEGAL28，语音识别功能采用 ICR oute 公司的单芯片 LD3320。LD3320 内部集成语音识别算法，不需要外部 FLASH、RAM 资源，可以很好地完成非特定人的语音识别任务。同时该芯片内部集成了 MP3 播放功能，支持 MPEG 等格式，可实现语音提示或 MP3 歌曲的播放功能。由于内部含有 16 位 A/D、D/A 转换器和功放电路，所以不需要外接功放电路就可以录放清晰的声音。该系统已经预留好各种接口，具有良好的扩展性。查阅相关资料，收集和参考单片机语音控制程序，赶紧制订计划并实施吧。

任务十
1602 液晶显示

◆ 任务名称

1602 液晶显示。

◆ 任务描述

液晶显示器(简称 LCD)显示一个字符时比较复杂,因为一个字符由 6×8 或 8×8 点阵组成,既要找到和显示屏幕上某几个位置对应的显示 RAM 区的 8 字节,又要使每字节的不同位为"1",其他位为"0",为"1"的点亮,为"0"的点不亮。这样一来就组成某个字符。但由于内带字符发生器的控制器显示的字符比较简单,所以可以让控制器工作在文本方式,根据在 LCD 上开始显示的行列号及每行的列数找出显示 RAM 对应的地址,设立光标,在此送上该字符对应的代码即可。

字符型液晶显示模块是一种专门用于显示字母、数字、符号等的点阵式 LCD,目前常用16×1,16×2,20×2 和 40×2 等模块。下面以长沙太阳人电子有限公司的 1602 字符型液晶显示器为例,介绍其用法。1602LCD 实物如图 10-1 所示,模块原理图如图 10-2 所示。

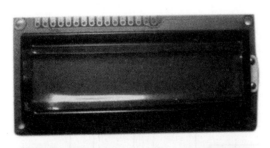

图 10-1　模块实物图

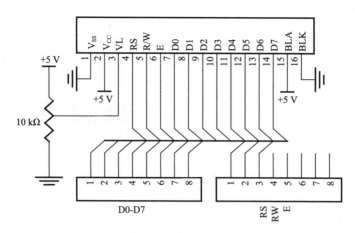

图 10-2　模块原理图

能力目标

(1) 熟悉 1602LCD 模块的结构与原理。

(2) 熟悉 1602LCD 显示 16×2 字符的指令码。

(3) 熟悉并动手编写简单字符显示程序。

(4) 学会制作 1602LCD 电路,能使用开发工具仿真调试程序。

(5) 培养自主学习、团队协作、拓展创新能力。

知识平台

主要组成:1602LCD、电位器。

主要用途:液晶屏显示 16×2 个字符,芯片工作电压为 4.5～5.5 V,工作电流为 2.0 mA,模块最佳工作电压为 5.0 V,字符尺寸为 2.95 mm×4.35 mm(宽×高)。

控制要求:电位器可以调节 LCD 亮度。

1.1602LCD 的基本参数

1602LCD 分为带背光和不带背光两种,控制器大部分为 HD44780,带背光的比不带背光的厚,是否带背光在应用中并无差别,两者尺寸差别如图 10-3 所示。

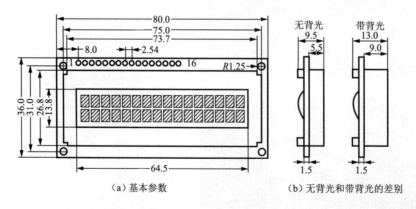

（a）基本参数　　　　（b）无背光和带背光的差别

图 10-3　1602LCD

2. 引脚功能说明

1602LCD 采用标准的 14 脚（无背光）或 16 脚（带背光）接口，各引脚接口说明见表 10-1。

表 10-1 引脚接口说明表

编号	符号	引脚说明	编号	符号	引脚说明
1	V_{SS}	电源地	9	D2	数据
2	V_{DD}	电源正极	10	D3	数据
3	VL	液晶显示偏压	11	D4	数据
4	RS	数据/命令选择	12	D5	数据
5	R/W	读/写选择	13	D6	数据
6	E	使能信号	14	D7	数据
7	D0	数据	15	BLA	背光源正极
8	D1	数据	16	BLK	背光源负极

第 1 脚：V_{SS} 为地电源。

第 2 脚：V_{DD} 接 5 V 正电源。

第 3 脚：VL 为液晶显示器对比度调节端，接正电源时对比度最弱，接地时对比度最高，对比度过高时会产生"鬼影"，使用时可以通过一个 10 kΩ 的电位器调节对比度。

第 4 脚：RS 为寄存器选择，高电平时选择数据寄存器，低电平时选择指令寄存器。

第 5 脚：R/W 为读写信号线，高电平时进行读操作，低电平时进行写操作。当 RS 和 R/W 共同为低电平时可以写入指令或者显示地址，当 RS 为低电平、R/W 为高电平时可以读忙信号，当 RS 为高电平、R/W 为低电平时可以写入数据。

第 6 脚：E 端为使能端，当 E 端由高电平跳变成低电平时液晶模块执行命令。

第 7～14 脚：D0～D7 为 8 位双向数据线。

第 15 脚：背光源正极。

第 16 脚：背光源负极。

3. 1602LCD 的指令说明及时序

（1）控制指令。

1602LCD 内部的控制器共有 11 条控制指令，见表 10-2。

表 10-2 控制命令表

序号	指令	RS	R/W	D7	D6	D5	D4	D3	D2	D1	D0
1	清显示	0	0	0	0	0	0	0	0	0	1
2	光标返回	0	0	0	0	0	0	0	0	1	*
3	置输入模式	0	0	0	0	0	0	0	1	I/D	S
4	显示开/关控制	0	0	0	0	0	0	1	D	C	B
5	光标或字符移位	0	0	0	0	0	1	S/C	R/L	*	*
6	置功能	0	0	0	0	1	DL	N	F	*	*
7	置字符发生存储器地址	0	0	0	1	显示字符发生存储器地址					

序号	指令	RS	R/W	D7	D6	D5	D4	D3	D2	D1	D0
8	置数据存储器地址	0	0	1	显示数据存储器地址						
9	读忙标志或地址	0	1	BF	计数器地址						
10	写数到 CGRAM 或 DDRAM	1	0	要写的数据内容							
11	从 CGRAM 或 DDRAM 读数	1	1	读出的数据内容							

1602LCD 的读写操作、屏幕和光标的操作都是通过指令编程来实现的(说明:1 为高电平、0 为低电平)。

指令 1:清显示。指令码 01H,光标复位到地址 00H 位置。

指令 2:光标复位。光标返回到地址 00H。

指令 3:光标和显示模式设置 I/D 表示光标移动方向,高电平右移,低电平左移;S 表示屏幕上所有文字是否左移或者右移,高电平表示有效,低电平则无效。

指令 4:显示开关控制。D 表示控制整体显示的开与关,高电平表示开显示,低电平表示关显示;C 表示控制光标的开与关,高电平表示有光标,低电平表示无光标;B 表示控制光标是否闪烁,高电平闪烁,低电平不闪烁。

指令 5:光标或显示移位。S/C 表示高电平时移动显示的文字,低电平时移动光标。

指令 6:功能设置命令。DL 表示高电平时为 4 位总线,低电平时为 8 位总线;N 表示低电平时为单行显示,高电平时双行显示;F 表示低电平时显示 5×7 的点阵字符,高电平时显示 5×10 的点阵字符。

指令 7:字符发生器 RAM 的地址设置。

指令 8:DDRAM 的地址设置。

指令 9:读忙信号和光标地址。BF 表示忙标志位,高电平表示忙,此时模块不能接收命令或者数据,如果为低电平表示不忙。

指令 10:写数据。

指令 11:读数据。

(2) 接口说明(HD44780 及兼容芯片)。

① 基本操作时序。

a.读状态。

输入:RS=L、RW=H、E=H;输出:D0~D7=状态字。

b.写指令。

输入:RS=L、RW=L、D0~D7=指令码、E=高脉冲;输出:无。

c.读数据。

输入:RS=H、RW=H、E=H;输出:D0~D7=数据。

d.写数据。

输入:RS=H、RW=L、D0~D7=数据、E=高脉冲;输出:无。

② 状态字说明。

STA0~STA7 分别对应 D0~D7。STA0~STA6 为当前数据地址指针的数值,STA7 为读写操作使能(1:禁止;0:允许)。对控制器进行读写操作之前必须进行读写检测,确保 STA7 为 0。

③ RAM 地址映射图。

控制器内部带有 80×8 位(80 字节)的 RAM 缓冲区,对应关系如图 10-4 所示。

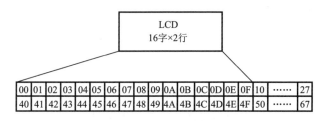

图 10-4　RAM 地址映射图

④ 指令说明。

a. 初始化设置。

初始化设置分为显示模式设置和显示开/关及光标设置,见表 10-3 和表 10-4。

表 10-3　显示模式设置

指令码								功　能
0	0	1	1	1	0	0	0	设置 16×2 显示,5×7 点阵,8 位数据接口

表 10-4　显示开/关及光标设置

指令码								功　能
0	0	0	0	1	D	C	B	D=1　开显示；　　　　D=0　关显示； C=1　显示光标；　　　C=0　不显示光标； B=1　光标闪烁；　　　B=0　光标不闪烁
0	0	0	0	0	1	N	S	N=1　当读或写 1 个字符后地址指针加 1,且光标加 1； N=0　当读或写 1 个字符后地址指针减 1,且光标减 1； S=1　当写 1 个字符,整屏显示左移(N=1)或右移(N=0),以得到光标不移动而屏幕移动的效果； S=0　当写 1 个字符,整屏显示不移动

b. 数据控制。

控制器内部设有一个数据地址指针,用户可通过它们来访问内部全部的 80 字节 RAM。数据指针设置见表 10-5。

表 10-5　数据指针设置

指令码	功　能
80H+地址码(0~27H,40H~67H)	设置数据地址指针
01H	显示清屏:数据指针清零,所有显示清零
02H	显示回车:数据指针清零

c.初始化过程(复位过程)。

延时 15 ms;

写指令 38H(不检测忙信号);

延时 5 ms;

写指令 38H(不检测忙信号);

延时 5 ms;

写指令 38H(不检测忙信号);

以后每次写指令、读/写数据操作之前均需检测忙信号;

写指令 38H:显示模式设置;

写指令 08H:显示关闭;

写指令 01H:显示清屏;

写指令 06H:显示光标移动设置;

写指令 0CH:显示开及光标设置。

(3) 接口时序说明(HD44780 及兼容芯片)。

读操作时序、写操作时序如图 10-5 和图 10-6 所示,时序参数见表 10-6。

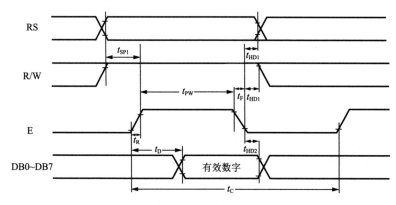

图 10-5　读操作时序

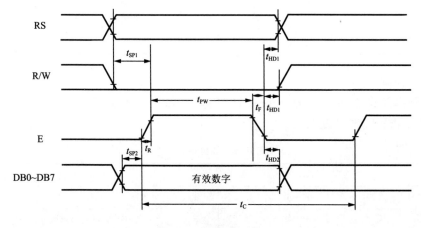

图 10-6　写操作时序

表 10-6　时序参数

时序参数	符号	极限值			单位	测试条件
		最小值	典型值	最大值		
E 信号周期	t_C	400	—	—	ns	引脚 E
E 脉冲宽度	t_{PW}	150	—	—	ns	
E 上升沿/下降沿时间	t_R、t_F	—	—	25	ns	
地址建立时间	t_{SP1}	30	—	—	ns	引脚 E、RS、R/W
地址保持时间	t_{HD1}	10	—	—	ns	
数据建立时间(读操作)	t_D	—	—	100	ns	引脚 DB0～DB7
数据保持时间(读操作)	t_{HD2}	20	—	—	ns	
数据建立时间(写操作)	t_{SP2}	40	—	—	ns	
数据保持时间(写操作)	t_{HD2}	10	—	—	ns	

任务实施

1. 讨论决策、制订计划

小组成员集体讨论,得出实施决策,制订工作计划,合理安排工作进程。根据已学理论知识和操作技能,结合实习情景,填写工作实施计划(见表 10-7)。

表 10-7　1602 液晶显示工作计划

工作时间	共　　　小时	审核:	
计划实施步骤	①		计划指南: 制订计划需考虑合理性和可行性,可参考以下工序: →程序编写 →仿真调试 →硬件装调 →创新操作 →综合评价
	②		
	③		
	④		
	⑤		

2. 任务实施

（1）准备器材。

为完成工作任务,组员需要填写仪器仪表借用清单(见表 10-8)和电子元器件领取清单(见表 10-9)。

表 10-8　仪器仪表借用清单

任务单号：　　　　　　　　领料组别：　　　　　　　　　年　　月　　日

序号	名称与规格型号	数量	借出时间	借用人	归还时间	归还人	管理员签名

表 10-9　电子元器件领取清单

任务单号：　　　　　　　　领料组别：　　　　　　　　　年　　月　　日

序号	名称与规格型号	申领数量	实发数量	是否归还	归还人签名	管理员签名

（2）硬件制作。

① 使用高精度激光打印机打印 PCB 图,采用热转印方法制作电路板。

② PCB 设计布局合理、走线简洁、大面积接地、元器件排列整齐。

③ 1602LCD 的电位器排列成一行,整齐安装、高度一致。

3. 实训步骤

① 依次将实训模块置入实训箱内部。

② 将仿真器数据线接入 D12 模块仿真器接口。

③ 接电源线:关闭实训箱 5 V 电源开关,将实训箱＋5 V、GND 分别接入每个实训模块。

④ 接信号线:RS 接 P2.0,RW 接 P2.1,EN 接 P2.2,D0～D7(数据口)接 P0。

⑤ 检查电源线、信号线是否正确,如果正确则接通实训箱 5 V 电源开关,打开仿真器,运行程序,观察实训现象。

⑥ 实训现象:显示字符"GUANG DONG,Welcome to visit,SANXIANG JIAOYI,Welcome to visit,＋862086459728/38,Welcome to visit"。

4. 参考程序

程序名称:LCD1602。

;EN 接 P2.2,RW 接 P2.1,RS 接 P2.0,D0～D7(数据口)接 P0

```
EN          EQU    P2.2
RW          EQU    P2.1
RS          EQU    P2.0
```

```
LCD         EQU     P0
            ORG     0000H
MIAN：      MOV     LCD,＃00H
            MOV     A,＃00111000B
            CALL    WR_INST
            MOV     A,＃00001000B
            CALL    WR_INST
            MOV     A,＃00000001B
            CALL    WR_INST
            MOV     A,＃00001111B
            CALL    WR_INST
            MOV     A,＃00000110B
            CALL    WR_INST
LOOP：      MOV     A,＃10000000B
            CALL    WR_INST
            MOV     DPTR,＃LINE1
            MOV     R0,＃16
            CALL    WR_STRING
            CALL    DELAY2

            MOV     A,＃11000000B
            CALL    WR_INST
            MOV     DPTR,＃LINE2
            MOV     R0,＃16
            CALL    WR_STRING
            CALL    DELAY2

            MOV     A,＃10000000B
            CALL    WR_INST
            MOV     DPTR,＃LINE3
            MOV     R0,＃16
            CALL    WR_STRING
            CALL    DELAY2

            MOV     A,＃11000000B
            CALL    WR_INST
            MOV     DPTR,＃LINE4
            MOV     R0,＃16
            CALL    WR_STRING
```

```
                CALL    DELAY2

                MOV     A,♯10000000B
                CALL    WR_INST
                MOV     DPTR,♯LINE5
                MOV     R0,♯16
                CALL    WR_STRING
                CALL    DELAY2

                MOV     A,♯11000000B
                CALL    WR_INST
                MOV     DPTR,♯LINE6
                MOV     R0,♯16
                CALL    WR_STRING
                CALL    DELAY2
                LJMP    LOOP
WR_INST：       CALL    BF
                CLR     RS
                CLR     RW
                SETB    EN
                MOV     LCD,A
                CLR     EN
                MOV     LCD,♯00H
                RET
BF：            MOV     30H,A
                PUSH    30H
BUSY：          CLR     RS
                SETB    RW
                SETB    EN
                MOV     A,LCD
                CLR     EN
                JB      ACC.7,BUSY
                CALL    DELAY
                POP     30H
                MOV     A,30H
                RET
WR_STRING：     MOV     R1,♯0
NEXT：          MOV     A,R1
                MOVC    A,@A+DPTR
```

```
               CALL    WR_DATA
               INC     R1
               DJNZ    R0,NEXT
               RET
WR_DATA：       CALL    BF
               SETB    RS
               CLR     RW
               SETB    EN
               MOV     LCD,A
               CLR     EN
               MOV     LCD,＃00H
               RET
DELAY：         MOV     R6,＃15
D1：            MOV     R7,＃200
               DJNZ    R7,$
               DJNZ    R6,D1
               RET
DELAY2：        MOV     R5,＃20
D3：            MOV     R6,＃200
D2：            MOV     R7,＃100
               DJNZ    R7,$
               DJNZ    R6,D2
               DJNZ    R5,D3
               RET
LINE1：         DB 'GUANG DONG'
LINE2：         DB 'Welcome to visit'
LINE3：         DB 'SANXIANG JIAOYI'
LINE4：         DB 'Welcome to visit'
LINE5：         DB '＋862086459728/38'
LINE6：         DB 'Welcome to visit'
               END
```

5．仿真和烧写

单片机写入程序后,正确插入电路板。判断信号线是否正确,如果正确则接通实训箱 5 V 电源开关,打开仿真器,运行程序,观察实训现象。实训现象:显示字符"GUANG DONG,Welcome to visit,SANXIANG JIAOYI,Welcome to visit,＋862086459728/38, Welcome to visit"。

模块接线图如图 10-7 所示。

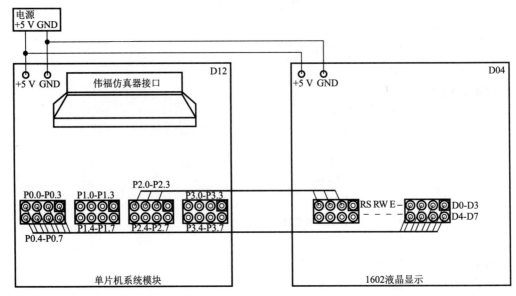

图 10-7 模块接线图

想一想

(1) 第二行第一个字符的地址是 40H,那么是否直接写入 40H 就可以将光标定位在第二行第一个字符的位置呢?

(2) 对液晶模块初始化要先设置其显示模式,在液晶模块显示字符时光标是自动右移的,无须人工干预。每次输入指令前都要判断液晶模块是否处于忙的状态吗?

(3) 总结(见表 10-10)。

本次任务使自己学习到哪些知识,积累了哪些经验,记录下来以提升自己的技能水平。

表 10-10 工作总结

正确装调方法	
错误装调方法	
经验总结	

◆ **知识拓展**

利用 SP51 单片机和 1602LCD 做一个万年历,在显示屏上显示年、月、日、时、分、秒、星期。同时,设置四个按键,要求是一个按键用于调试,两个按键分别为向上键和向下键,还有一个按键设为退出键。查阅相关资料,收集和参考 SP51 单片机 1602LCD 控制程序,赶紧制订计划并实施吧。

任务十一
12864 点阵图文液晶显示

任务名称

12864 点阵图文液晶显示。

任务描述

　　液晶显示的原理是利用液晶的物理特性，通过电压控制显示区域，有电就可以显示出图形。液晶显示器具有厚度薄、适用于大规模集成电路、直接驱动、易于实现全彩色显示的特点，目前已经被广泛应用在便携式计算机、数字摄像机、PDA 移动通信工具等众多领域。液晶显示的分类方法有很多种，按显示方式可分为段式、字符式、点阵式等；按显示色彩可分为黑白显示、多灰度显示和彩色显示等；根据驱动方式可分为静态驱动、单纯矩阵驱动和主动矩阵驱动三种。

　　点阵图文液晶显示器由 $M \times N$ 个显示单元组成，假设 LCD 显示屏有 64 行，每行有 128 列，每 8 列对应 1 字节的 8 位，即每行有 16 字节，由 $16 \times 8 = 128$ 个点组成，屏上 64×16 个显示单元与 RAM 显示区的 1024 字节相对应，每 1 字节的内容和显示屏上相应位置的亮暗对应。例如，屏的第一行的亮暗由 RAM 区 000H～00FH 的 16 字节决定，当（000H）＝FFH 时，屏幕的左上角显示一条短亮线，长度为 8 个点；当（3FFH）＝FFH 时，屏幕的右下角显示一条短亮线；当（000H）＝FFH，（001H）＝00H，（002H）＝00H……（00EH）＝00H，（00FH）＝00H 时，则在屏幕的顶部显示一条由 8 段亮线和 8 条暗线组成的虚线。这就是 LCD 显示的基本原理。12864 点阵图文液晶显示器实物如图 11-1 所示，模块原理图如图 11-2 所示。

图 11-1　模块实物图

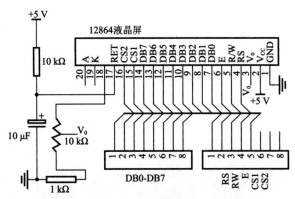

图 11-2　模块原理图

能力目标

（1）熟悉 12864 点阵图文液晶显示屏模块的结构与原理。

（2）熟悉 12864 点阵图文液晶显示屏模块的接口。

（3）熟悉 12864 点阵图文液晶显示屏的指令码。

（4）熟悉并动手编写 12864 点阵图文液晶显示屏的程序。

（5）学会制作 12864 点阵图文液晶显示屏的电路，能使用开发工具仿真调试程序。

（6）培养自主学习、团队协作、拓展创新能力。

知识平台

1. 主要组成

12864 点阵图文液晶显示屏由 6 个数码管与驱动 IC 组成。

2. 基本特性

（1）低电源电压（V_{DD}：+3.0～+5.5 V）。

（2）显示分辨率：128×64 点。

（3）内置汉字字库，提供 8 192 个 16×16 点阵汉字（简繁体可选）。

（4）内置 128 个 16×8 点阵字符。

（5）2 MHz 时钟频率。

（6）显示方式：STN、半透、正显。

（7）驱动方式：1/32DUTY，1/5BIAS。

（8）视角方向：6 点。

（9）背光方式：侧部高亮白色 LED，功耗仅为普通 LED 的 1/10～1/5。

（10）通信方式：串行、并口可选。

（11）内置 DC—DC 转换电路，无须外加负压。

（12）无须片选信号，可简化软件设计。

（13）工作温度：0～+55 ℃；存储温度：−20～+60 ℃。

3. 控制要求

（1）显示内存与液晶显示屏的关系（见图 11-3）。

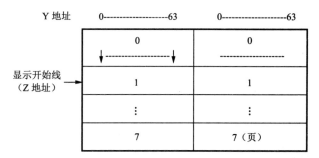

图 11-3　显示内存与液晶显示屏的关系

（2）利用 P1 口作为液晶显示器接口的数据线，P3 口作为其控制线，利用取模软件建立标准字库后，通过查表程序依次将字库中的字形代码送入显示内存以显示汉字或图形。

（3）编程流程：开显示→ 设置页地址→ 设置 Y 地→ 写数据表 1→写数据表。

4.模块接口说明

模块接口说明见表 11-1。

表 11-1 模块接口说明

管脚号	管脚名称	电平	管脚功能描述
1	V_{SS}	0 V	电源地
2	V_{CC}	3.0+5 V	电源正
3	V_0	—	对比度(亮度)调节
4	RS(CS)	H/L	RS="H":表示 DB0~DB7 为显示数据; RS="L":表示 DB0~DB7 为显示指令数据
5	R/W(SID)	H/L	R/W="H",E="H":数据被读到 DB7~DB0; R/W="L",E="H→L":DB7~DB0 的数据被写到 IR 或 DR
6	E(SCLK)	H/L	使能信号
7	DB0	H/L	三态数据线
8	DB1	H/L	三态数据线
9	DB2	H/L	三态数据线
10	DB3	H/L	三态数据线
11	DB4	H/L	三态数据线
12	DB5	H/L	三态数据线
13	DB6	H/L	三态数据线
14	DB7	H/L	三态数据线
15	PSB	H/L	H:8 位或 4 位并口方式;L:串口方式(见注释 1)
16	NC	—	空脚
17	/RESET	H/L	复位端,低电平有效(见注释 2)
18	V_{OUT}	—	LCD 驱动电压输出端
19	A	V_{DD}	背光源正端(+5 V,见注释 3)
20	K	V_{SS}	背光源负端(见注释 3)

＊注释 1:如果在实际应用中仅使用串口通信模式,可将 PSB 接固定低电平,也可以将模块上的 J8 和"GND"用焊锡短接。

＊注释 2:模块内部接有上电复位电路,因此在不需要经常复位的场合可将该端悬空。

＊注释 3:如果背光和模块共用一个电源,可以将模块上的 JA、JK 用焊锡短接。

5.控制器接口信号说明

(1) RS、R/W 的配合。

RS、R/W 的配合选择决定控制界面的 4 种模式,见表 11-2。

表 11-2　RS、R/W 的配合

RS	R/W	功能说明
L	L	MPU 写指令到指令暂存器(IR)
L	H	读出忙标志(BF)及地址计数器(AC)的状态
H	L	MPU 写入数据到数据暂存器(DR)
H	H	MPU 从数据暂存器(DR)中读取数据

（2）E 信号。

E 信号状态见表 11-3。

表 11-3　E 信号状态

E 状态	执行动作	结　果
高→低	I/O 缓冲→DR	配合 W 进行写数据或指令
高	DR→I/O 缓冲	配合 R 进行读数据或指令
低/低→高	无动作	

① 忙标志 BF。

BF 标志提供内部工作情况。BF＝1 表示模块在进行内部操作,此时模块不接受外部指令和数据;BF＝0 时,模块为准备状态,随时可接受外部指令和数据。利用 STATUS RD 指令可以将 BF 读到 DB7 总线,从而检验模块的工作状态。

② 字形产生 ROM(CGROM)。

字形产生 ROM(CGROM)提供 8 192 个中文字形和 128 个数字符号。此触发器是用于模块屏幕显示开和关的控制。DFF＝1 为开显示(DISPLAY ON),DDRAM 的内容就显示在屏幕上;DFF＝0 为关显示(DISPLAY OFF),DFF 的状态是由指令 DISPLAY ON/OFF 和 RST 信号控制的。

③ 显示数据 RAM(DDRAM)。

模块内部显示数据 RAM 提供 64×2 个位元组的空间,最多可控制 4 行每行 16 字(64 个字)的中文字形显示,当写入显示数据 RAM 时可分别显示 CGROM 与 CGRAM 的字形。此模块可显示三种字形,分别是半角英文数字形(16×8)、CGRAM 字形及 CGROM 的中文字形。三种字形由在 DDRAM 中写入的编码选择,在 0000H～0006H 的编码中(其代码分别是 0000、0002、0004、0006 共 4 个)将选择 CGRAM 的自定义字形,02H～7FH 的编码中将选择半角英文数字的字形,至于 A1 以上的编码将自动的结合下一个位元组,组成两个位元组的编码形成中文字形的编码 BIG5(A140～D75F),GB(A1A0～F7FFH)。

④ 字形产生 RAM(CGRAM)。

字形产生 RAM(CGRAM)提供图像定义(造字)功能,可以提供四组 16×16 点的自定义图像空间,使用者可以将内部字形没有提供的图像字形自行定义到 CGRAM 中,便可和 CGROM 中的定义一样地通过 DDRAM 显示在屏幕中。

⑤ 地址计数器 AC。

地址计数器是用来贮存 DDRAM/CGRAM 之一的地址,它可由设定指令暂存器来改变,之后只要读取或是写入 DDRAM/CGRAM 的值时,地址计数器的值就会自动加 1,当 RS 为"0"而 R/W 为"1"时,地址计数器的值会被读取到 DB0～DB6 中。

⑥ 光标/闪烁控制电路。

此模块提供硬体光标及闪烁控制电路,由地址计数器的值来指定 DDRAM 中的光标或闪烁位置。

6.指令说明

模块控制芯片提供两套控制命令。RE＝0:基本指令;RE＝1:扩充指令。基本指令和扩充指令分别见表 11-4 和 11-5。

表 11-4　基本指令

指　令	指　令　码										功　能
	RS	R/W	D7	D6	D5	D4	D3	D2	D1	D0	
清除显示	0	0	0	0	0	0	0	0	0	1	将 DDRAM 填满"20H",并且设定 DDRAM 的地址计数器(AC)到"00H"
地址归位	0	0	0	0	0	0	0	0	1	X	设定 DDRAM 的地址计数器(AC)到"00H",并且将游标移到开头原点位置;这个指令不改变 DDRAM 的内容
显示状态开/关	0	0	0	0	0	0	1	D	C	B	D＝1:整体显示 ON;C＝1:游标 ON;B＝1:游标位置反白允许
进入点设定	0	0	0	0	0	0	0	1	I/D	S	读取与写入数据时,设定游标的移动方向及指定显示的移位
游标或显示移位控制	0	0	0	0	0	1	S/C	R/L	X	X	设定游标的移动与显示的移位控制位;这个指令不改变 DDRAM 的内容
功能设定	0	0	0	0	1	DL	X	RE	X	X	DL＝0/1:4/8 位数据;RE＝1:扩充指令操作;RE＝0:基本指令操作
设定 CGRAM 地址	0	0	0	1	AC5	AC4	AC3	AC2	AC1	AC0	设定 CGRAM 地址
设定 DDRAM 地址	0	0	1	0	AC5	AC4	AC3	AC2	AC1	AC0	设定 DDRAM 地址(显示位置)第一行:80H～87H;第二行:90H～97H
读取忙标志和地址	0	1	BF	AC6	AC5	AC4	AC3	AC2	AC1	AC0	读取忙标志(BF)可以确认内部动作是否完成,同时可以读出地址计数器(AC)的值
写数据到 RAM	1	0	数据								将数据 D0～D7 写入到内部的 RAM(DDRAM/CGRAM/IRAM/GRAM)
读出 RAM 的值	1	1	数据								从内部 RAM(DDRAM/CGRAM/IRAM/GRAM)读取数据 D0～D7

表 11-5　扩充指令

指　令	指　令　码										功　能
	RS	R/W	D7	D6	D5	D4	D3	D2	D1	D0	
待命模式	0	0	0	0	0	0	0	0	0	1	进入待命模式,执行其他指令可终止待命模式
卷动地址开关开启	0	0	0	0	0	0	0	0	1	SR	SR=1:允许输入垂直卷动地址; SR=0:允许输入 IRAM 和 CGRAM 地址
反白选择	0	0	0	0	0	0	0	1	R1	R0	选择两行中的任一行作反白显示,并可决定反白与否; 初始值 R1、R0=00,第一次设定为反白显示,再次设定变回正常
睡眠模式	0	0	0	0	0	0	1	SL	X	X	SL=0:进入睡眠模式; SL=1:脱离睡眠模式
扩充功能设定	0	0	0	0	1	CL	X	RE	G	0	CL=0/1:4/8 位数据; RE=1:扩充指令操作; RE=0:基本指令操作; G=1/0:绘图开关
设定绘图 RAM 地址	0	0	1	0 AC6	0 AC5	0 AC4	AC3 AC3	AC2 AC2	AC1 AC1	AC0 AC0	设定绘图 RAM 先设定垂直(列)地址 AC6AC5…AC0,再设定水平(行)地址 AC3AC2AC1AC0,将以上 16 位地址连续写入即可

　　备注:IC1 接受指令前,微处理器必须先确认其内部处于非忙碌状态,即读取 BF 标志时 BF 需为零,方可接受新的指令;如果在送出一个指令前并不检查 BF 标志,那么在前一个指令和这个指令中间必须延长一段较长的时间,即等待前一个指令确实执行完成。

❖ 任务实施

1. 讨论决策、制订计划

　　小组成员集体讨论,得出实施决策,制订工作计划,合理安排工作进程。根据已学理论知识和操作技能,结合实习情景,填写工作实施计划(见表 11-6)。

表 11-6　12864 点阵图文液晶显示工作计划

工作时间	共　　　小时	审核：	
计划实施步骤	①		计划指南： 　制订计划需考虑合理性和可行性,可参考以下工序： →程序编写 →仿真调试 →硬件装调 →创新操作 →综合评价
	②		
	③		
	④		
	⑤		

2.任务实施

（1）准备器材。

为完成工作任务,组员需要填写仪器仪表借用清单（见表 11-7）和电子元器件领取清单（见表 11-8）。

表 11-7　仪器仪表借用清单

任务单号：　　　　　　　领料组别：　　　　　　　　　年　月　日

序号	名称与规格型号	数量	借出时间	借用人	归还时间	归还人	管理员签名

表 11-8　电子元器件领取清单

任务单号：　　　　　　　领料组别：　　　　　　　　　年　月　日

序号	名称与规格型号	申领数量	实发数量	是否归还	归还人签名	管理员签名

（2）硬件制作。

① 使用高精度激光打印机打印 PCB 图,采用热转印方法制作电路板。

② PCB 设计布局合理、走线简洁、大面积接地、元器件排列整齐。

③ 12864 点阵图文液晶显示屏、驱动 IC 排列成一行,整齐安装、高度一致。

3. 实训步骤

① 依次将实训模块置于实训箱内部。

② 将仿真器数据线接入 D12 模块仿真器接口。

③ 接电源线:关闭实训箱 5 V 电源开关,将实训箱＋5 V、GND 分别接入每个实训模块。

④ 接信号线:RS 接 P3.0, RW 接 P3.1,E 接 P3.2,CS1 接 P3.3,CS2 接 P3.4,LCD 数据口接 P1。

⑤ 检查电源线、信号线是否正确,如果正确则接通实训箱 5 V 电源开关,打开仿真器,运行程序,观察实训现象。

⑥ 实训现象:显示汉字"欢迎使用广东三向教仪开发的可编程器件设计与制作设备"。

4. 参考程序

程序名称:LCD12864。

```
        RS      EQU     0B0H        ;P3.0
        RW      EQU     0B1H        ;P3.1
        E       EQU     0B2H        ;P3.2
        CS1     BIT     P3.3        ;P3.3
        CS2     BIT     P3.4        ;P3.4
                                    ;LCD 数据口接 P1

;* * * * * * * * * * * * * * * * * * * * * * * * * * * * * * * * * * * *
        ORG     0000H
RST:    MOV     R7,#04H
        LCALL   DELAYXMS
        CLR     E
        SETB    RS
        SETB    CS1                 ;SELECT-CS1
        CLR     CS2
        CLR     RS
        MOV     P1,#3FH             ;DISPLAY ON
        LCALL   WRITE
        MOV     R7,#01H
        SETB    CS2                 ;SELECT-CS2
        CLR     CS1
        CLR     RS
        MOV     P1,#3FH             ;DISPLAY ON
        LCALL   WRITE
MAIN:   MOV     R7,#0FH
        MOV     DPTR,#TAB5
```

```
            LCALL    ZXL
            MOV      R7,#03FH
            LCALL    DELAYXMS
            MOV      DPTR,#TAB6
            LCALL    ZXL
            MOV      R7,#03FH
            LCALL    DELAYXMS
            LJMP     MAIN
;* * * * * * * * * * * * * * * * * * * * * * * * * * * * * * * * *
ZXL:        CLR      CS2
            SETB     CS1            ;S-CS1
            LCALL    XPAGE          ;R0=08H,R2=B8H,Z=Y=PAG=00
            LCALL    COM
            CLR      CS1
            SETB     CS2
            LCALL    XPAGE
            LCALL    COM
            RET
;* * * * * * * * * * * * * * * * * * * * * * * * * * * * * * * * *
XPAGE:      CLR      E
            CLR      RS
            MOV      P1,#0C0H       ;SET-Z=00,FIRST H
            LCALL    WRITE
            MOV      P1,#40H        ;SET-Y=00,FIRST L
            LCALL    WRITE
            MOV      R0,#08H
            MOV      R2,#0B8H
            MOV      P1,#0B8H       ;SET-PAG=00
            LCALL    WRITE
            RET
;* * * * * * * * * * * * * * * * * * * * * * * * * * * * * * * * *
COM:        CLR      00H
COM1:       MOV      R1,#40H        ;R0=#08H,R2=#0B8H
            MOV      R3,#10H
            SETB     RS             ;WR-DATA
            PUSH     DPH
            PUSH     DPL
J4:         CLR      A
            MOVC     A,@A+DPTR      ;DPTR=#TAB5
            MOV      P1,A
```

```
              LCALL    WRITE
              INC      DPTR
              DJNZ     R3,J41
              MOV      R3,#10H
              CLR      C
              MOV      A,DPL
              ADD      A,#10H
              MOV      DPL,A
              JNC      J41
              INC      DPH
J41：         DJNZ     R1,J4           ;LOAD-64-BYTE
              CLR      RS              ;WR-COMD
              INC      R2
              MOV      P1,R2
              LCALL    WRITE           ;SET-PAG=01
              MOV      P1,#40H         ;SET-Y=00H
              LCALL    WRITE
              POP      DPL
              POP      DPH
              CPL      00H
              JNB      00H,J43
              CLR      C
              MOV      A,DPL
              ADD      A,#10H
              MOV      DPL,A
              JNC      J42
              INC      DPH
              AJMP     J42
J43：         CLR      C
              MOV      A,DPL
              ADD      A,#70H
              MOV      DPL,A
              JNC      J42
              INC      DPH
J42：         DJNZ     R0,COM1
              RET
;* * * * * * * * * * * * * * * * * * * * * * * * * * * * * * * *
WRITE：       CLR      RW
              CLR      E
              SETB     E
```

```
            LCALL    DELAY2MS
            CLR      E
            RET
;* * * * * * * * * * * * * * * * * * * * * * * * * * * * * * * *
DELAY2MS：MOV       R6,#02H
DELAY0：   MOV       R5,#0FH
DELAY1：   DJNZ      R5,DELAY1
            DJNZ      R6,DELAY0
            RET
;* * * * * * * * * * * * * * * * * * * * * * * * * * * * * * * *
DELAYXMS：MOV       R5,#40H
D1：       MOV       R6,#0FFH
D2：       DJNZ      R6,D2
            DJNZ      R5,D1
            DJNZ      R7,DELAYXMS
            RET
TAB5：     DB        00H,00H,00H,00H,00H,00H,00H,00H,00H,00H,00H,
                      00H,00H,00H,00H,00H
            DB        00H,00H,00H,00H,00H,00H,00H,00H,00H,00H,00H,
                      00H,00H,00H,00H,00H
            DB        00H,00H,00H,00H,00H,00H,00H,00H,00H,00H,00H,
                      00H,00H,00H,00H,00H
            DB        00H,00H,00H,00H,00H,00H,00H,00H,00H,00H,00H,
                      00H,00H,00H,00H,00H
```

;—— 文字:欢迎使用广东三向教仪开发的可编程器件设计与制作设备　——
;—— 宋体12,此字体下对应的点阵为:宽×高＝16×16　——

```
            DB        014H 024H 044H 084H 064H 01CH 020H 018H 00FH
                      0E8H 008H 008H 028H 018H 008H 000H
            DB        020H 010H 04CH 043H 043H 02CH 020H 010H 00CH
                      003H 006H 018H 030H 060H 020H 000H;"欢",0

            DB        040H 041H 0CEH 004H 000H 0FCH 004H 002H 002H
                      0FCH 004H 004H 004H 0FCH 000H 000H
            DB        040H 020H 01FH 020H 040H 047H 042H 041H 040H
                      05FH 040H 042H 044H 043H 040H 000H;"迎",1

            DB        040H 020H 0F0H 01CH 007H 0F2H 094H 094H 094H
                      0FFH 094H 094H 094H 0F4H 004H 000H
            DB        000H 000H 07FH 000H 040H 041H 022H 014H 00CH
```

013H 010H 030H 020H 061H 020H 000H;"使",2

DB　　　000H 000H 000H 0FEH 022H 022H 022H 022H 0FEH
　　　　　022H 022H 022H 022H 0FEH 000H 000H

DB　　　080H 040H 030H 00FH 002H 002H 002H 002H 0FFH
　　　　　002H 002H 042H 082H 07FH 000H 000H;"用",3

DB　　　000H 000H 0FCH 004H 004H 004H 004H 005H 006H
　　　　　004H 004H 004H 004H 004H 004H 000H

DB　　　040H 030H 00FH 000H 000H 000H 000H 000H 000H
　　　　　000H 000H 000H 000H 000H 000H 000H;"广",4

DB　　　000H 004H 004H 0C4H 0B4H 08CH 087H 084H 0F4H
　　　　　084H 084H 084H 084H 004H 000H 000H

DB　　　000H 000H 020H 018H 00EH 004H 020H 040H 0FFH
　　　　　000H 002H 004H 018H 030H 000H 000H;"东",5

DB　　　000H 004H 084H 084H 084H 084H 084H 084H 084H
　　　　　084H 084H 084H 084H 004H 000H 000H

DB　　　000H 020H 020H 020H 020H 020H 020H 020H 020H
　　　　　020H 020H 020H 020H 020H 020H 000H;"三",6

DB　　　000H 000H 0FCH 004H 004H 0E6H 025H 024H 024H
　　　　　024H 0E4H 004H 004H 0FCH 000H 000H

DB　　　000H 000H 07FH 000H 000H 00FH 004H 004H 004H
　　　　　004H 00FH 020H 040H 03FH 000H 000H;"向",7

DB　　　010H 014H 094H 0D4H 0BFH 094H 09CH 014H 050H
　　　　　0F8H 00FH 008H 088H 078H 008H 000H

DB　　　009H 009H 048H 088H 07EH 005H 044H 044H 020H
　　　　　020H 013H 00CH 033H 0C0H 040H 000H;"教",8

DB　　　040H 020H 0F0H 00CH 003H 000H 038H 0C0H 001H
　　　　　00EH 004H 0E0H 01CH 000H 000H 000H

DB　　　000H 000H 0FFH 000H 040H 040H 020H 010H 00BH
　　　　　004H 00BH 010H 020H 060H 020H 000H;"仪",9

DB　　　040H 042H 042H 042H 042H 0FEH 042H 042H 042H
　　　　　042H 0FEH 042H 042H 042H 042H 000H

```
DB          000H 040H 020H 010H 00CH 003H 000H 000H 000H
            000H 07FH 000H 000H 000H 000H 000H;"开",10

DB          000H 010H 03EH 010H 010H 0F0H 09FH 090H 090H
            092H 094H 01CH 010H 010H 010H 000H
DB          040H 020H 010H 088H 087H 041H 046H 028H 010H
            028H 027H 040H 0C0H 040H 000H 000H;"发",11

DB          000H 0F8H 08CH 08BH 088H 0F8H 040H 030H 08FH
            008H 008H 008H 008H 0F8H 000H 000H
DB          000H 07FH 010H 010H 010H 03FH 000H 000H 000H
            003H 026H 040H 020H 01FH 000H 000H;"的",12

DB          000H 002H 002H 0F2H 012H 012H 012H 012H 0F2H
            002H 002H 002H 0FEH 002H 002H 000H
DB          000H 000H 000H 007H 002H 002H 002H 002H 007H
            010H 020H 040H 03FH 000H 000H 000H;"可",13

DB          020H 030H 0ACH 063H 032H 000H 0FCH 0A4H 0A5H
            0A6H 0A4H 0A4H 0A4H 0BCH 000H 000H
DB          010H 011H 009H 049H 021H 01CH 003H 07FH 004H
            03FH 004H 03FH 044H 07FH 000H 000H;"编",14

DB          010H 012H 0D2H 0FEH 091H 011H 080H 0BFH 0A1H
            0A1H 0A1H 0A1H 0BFH 080H 000H 000H
DB          004H 003H 000H 0FFH 000H 041H 044H 044H 044H
            07FH 044H 044H 044H 044H 040H 000H;"程",15

DB          040H 040H 04FH 049H 049H 0C9H 0CFH 070H 0C0H
            0CFH 049H 059H 069H 04FH 000H 000H
DB          002H 002H 07EH 045H 045H 044H 07CH 000H 07CH
            044H 045H 045H 07EH 006H 002H 000H;"器",16

DB          040H 020H 0F8H 00FH 082H 060H 01EH 014H 010H
            0FFH 010H 010H 010H 010H 000H 000H
DB          000H 000H 0FFH 000H 001H 001H 001H 001H 001H
            0FFH 001H 001H 001H 001H 001H 000H;"件",17

DB          040H 041H 0CEH 004H 000H 080H 040H 0BEH 082H
            082H 082H 0BEH 0C0H 040H 040H 000H
```

DB   000H 000H 07FH 020H 090H 080H 040H 043H 02CH
010H 010H 02CH 043H 0C0H 040H 000H;"设",18

DB   020H 021H 02EH 0E4H 000H 000H 020H 020H 020H
020H 0FFH 020H 020H 020H 020H 000H

DB   000H 000H 000H 07FH 020H 010H 008H 000H 000H
000H 0FFH 000H 000H 000H 000H 000H;"计",19

DB   000H 000H 000H 000H 07EH 048H 048H 048H 048H
048H 048H 048H 0CCH 008H 000H

DB   000H 004H 004H 004H 004H 004H 004H 004H 004H
024H 046H 044H 020H 01FH 000H 000H;"与",20

DB   000H 050H 04FH 04AH 048H 0FFH 048H 048H 048H
000H 0FCH 000H 000H 0FFH 000H 000H

DB   000H 000H 03FH 001H 001H 0FFH 021H 061H 03FH
000H 00FH 040H 080H 07FH 000H 000H;"制",21

DB   080H 040H 020H 0F8H 007H 022H 018H 00CH 0FBH
048H 048H 048H 068H 048H 008H 000H

DB   000H 000H 000H 0FFH 000H 000H 000H 000H 0FFH
004H 004H 004H 004H 006H 004H 000H;"作",22

DB   040H 041H 0CEH 004H 000H 080H 040H 0BEH 082H
082H 082H 0BEH 0C0H 040H 040H 000H

DB   000H 000H 07FH 020H 090H 080H 040H 043H 02CH
010H 010H 02CH 043H 0C0H 040H 000H;"设",23

DB   000H 020H 010H 008H 087H 08AH 052H 022H 022H
052H 08EH 082H 000H 000H 000H 000H

DB   002H 002H 001H 0FFH 04AH 04AH 04AH 07EH 04AH
04AH 04AH 0FFH 001H 003H 001H 000H;"备",24

DB   000H 000H 000H 0F0H 000H 000H 000H 000H 000H
000H 000H 000H 000H 000H 000H 000H

DB   000H 000H 000H 05FH 000H 000H 000H 000H 000H
000H 000H 000H 000H 000H 000H 000H;"!"

DB   000H 000H 000H 0F0H 000H 000H 000H 000H 000H
000H 000H 000H 000H 000H 000H 000H

DB   000H 000H 000H 05FH 000H 000H 000H 000H 000H 000H 000H 000H 000H 000H 000H 000H；"！

DB   000H 000H 000H 0F0H 000H 000H 000H 000H 000H 000H 000H 000H 000H 000H 000H 000H

DB   000H 000H 000H 05FH 000H 000H 000H 000H 000H 000H 000H 000H 000H 000H 000H；"！

DB   000H 000H 000H 0F0H 000H 000H 000H 000H 000H 000H 000H 000H 000H 000H 000H 000H

DB   000H 000H 000H 05FH 000H 000H 000H 000H 000H 000H 000H 000H 000H 000H 000H；"！

DB   00H,00H,00H,00H,00H,00H,00H,00H,00H,00H,00H, 00H,00H,00H,00H,00H

DB   00H,00H,00H,00H,00H,00H,00H,00H,00H,00H,00H, 00H,00H,00H,00H,00H

5. 仿真和烧写

单片机写入程序后，正确插入电路板。判断信号线是否正确，如果正确则接通实训箱 5 V 电源开关，打开仿真器，运行程序，观察实训现象。实训现象：显示汉字"欢迎使用广东三向教仪开发的可编程器件设计与制作设备"。

实训模块：D05、D12。

接线图如图 11-3 所示。

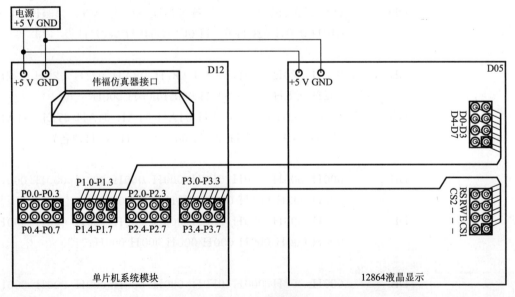

图 11-3　接线图

想一想

（1）如果 12864 点阵图文液晶显示屏出现闪屏，该怎样解决呢？

（2）总结（见表 11-9）。

本次任务使自己学习到哪些知识，积累了哪些经验，记录下来以提升自己的技能水平。

表 11-9　工作总结

正确装调方法	
错误装调方法	
经验总结	

知识拓展

（1）使用前的准备：先给模块加上工作电压，再调节 LCD 的对比度，使其显示出黑色的底影。此过程亦可以初步检测 LCD 有无缺段现象。

（2）字符显示：带中文字库的 128×64-0402B 每屏可显示 4 行 8 列共 32 个 16×16 点阵的汉字，每个显示 RAM 可显示 1 个中文字符或 2 个 16×8 点阵全高 ASCII 码字符，即每屏最多可显示 32 个中文字符或 64 个 ASCII 码字符。带中文字库的 128×64-0402B 内部提供 128×2 字节的字符显示 RAM 缓冲区（DDRAM）。字符显示是通过将字符显示编码写入该字符显示 RAM 实现的。根据写入内容的不同，可分别在液晶屏上显示 CGROM（中文字库）、HCGROM（ASCII 码字库）及 CGRAM（自定义字形）的内容。三种不同字符/字形的选择编码范围为 0000～0006H（其代码分别是 0000、0002、0004、0006 共 4 个）显示自定义字形，02H～7FH 显示半宽 ASCII 码字符，A1A0H～F7FFH 显示 8192 种 GB2312 中文字库字形。字符显示 RAM 在液晶模块中的地址 80H～9FH。字符显示的 RAM 地址与 32 个字符显示区域有着一一对应的关系，其对应关系见表 11-10。

表 11-10　RAM 地址与字符显示区域的对应关系

第一行	80H	81H	82H	83H	84H	85H	86H	87H
第二行	90H	91H	92H	93H	94H	95H	96H	97H
第三行	88H	89H	8AH	8BH	8CH	8DH	8EH	8FH
第四行	98H	99H	9AH	9BH	9CH	9DH	9EH	9FH

（3）图形显示。

先设垂直地址再设水平地址（连续写入 2 个字节的资料来完成垂直与水平的坐标地址）。垂直地址范围：AC0～AC5；水平地址范围：AC0～AC3。绘图 RAM 的地址计数器（AC）只会对水平地址（X 轴）自动加 1，当水平地址为 0FH 时会重新设为 00H，但并不会对垂直地址做进位自动加 1，故当连续写入多笔资料时，程序需自行判断垂直地址是否需要重新设定。

（4）应用说明。

用带中文字库的 128×64 显示模块时应注意以下几点：

① 欲在某一个位置显示中文字符时，应先设定显示字符的位置，即先设定显示地址，再写入中文字符编码。

② 显示 ASCII 字符的过程与显示中文字符的过程相同。不过在显示连续字符时，只需设定一次显示地址，由模块自动对地址加 1 指向下一个字符位置，否则，显示的字符中将会有一个空 ASCII 字符位置。

③ 当字符编码为 2 字节时，应先写入高位字节，再写入低位字节。

④ 模块在接收指令前，处理器必须先确认模块内部处于非忙状态，即读取 BF 标志时 BF 需为"0"，方可接受新的指令。如果在送出一个指令前不检查 BF 标志，则在前一个指令和这个指令中间必须延迟一段较长的时间，即等待前一个指令确定执行完成。指令执行的时间请参考指令表中的指令执行时间说明。

⑤ "RE"为基本指令集与扩充指令集的选择控制位。当变更"RE"后，以后的指令集将维持在最后的状态，除非再次变更"RE"位，否则使用相同指令集时无须每次均重设"RE"位。

任务十二
交通灯制作

任务名称

交通灯制作。

任务描述

设计制作一个交通灯控制电路,能模拟真实交通灯的控制功能。绿灯表示直通,黄灯表示缓行,红灯表示禁止通行。能够上电复位和手动复位,具有东西直通和南北直通功能开关。硬件电路如图 12-1 所示。

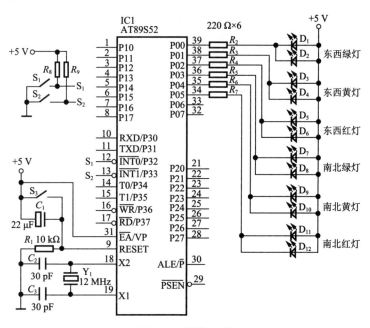

图 12-1　硬件电路

任务要求:

(1) 电路 PCB 设计合理,红灯、绿灯、黄灯安装位置符合十字路口交通灯的要求。

(2) 绿灯直通,点亮 25 s;黄灯缓行,点亮 5 s;红灯禁止,点亮 30 s。

(3) 能够手动复位,具备东西直通和南北直通灯强制指示功能。

◆ 能力目标

(1) 熟悉中断指令的使用,能独立设计交通灯程序。

(2) 能熟练完成交通灯控制程序的仿真、烧写和硬件电路的调试。

(3) 培养自主学习、团队协作、拓展创新能力。

◆ 知识平台

1. 指令介绍

根据效果灯知识及相关指令,编程点亮东西南北各方向的红灯、黄灯、绿灯,使用 MOV 传送指令和 CLR 位操作指令。

例 1:根据交通灯电路图,若要编程点亮东西方向的绿灯、黄灯、红灯,只需让单片机 P0.0、P0.1 和 P0.2 的 I/O 口置低电平即可点亮相应的发光二极管。

方法一

```
CLR    P0.0              ;点亮东西绿灯
CLR    P0.1              ;点亮东西黄灯
CLR    P0.2              ;点亮东西红灯
```

指令功能分析:

单片机系统只能识别二进制代码"0、1","0"代表低电平,"1"代表高电平,CLR 位操作指令的功能是给该位置"0";SETB 位操作指令的功能是给该位置"1"。

方法二

```
MOV    P0,♯0FEH         ;点亮东西绿灯
MOV    P0,♯0FDH         ;点亮东西黄灯
MOV    P0,♯0FBH         ;点亮东西红灯
```

指令功能分析:

MOV DIRECT,♯DATA 传送指令的功能是传送立即数据,可以传送 8 位或 16 位的立即数。例如,MOV P0,♯0FEH ;该条指令在本电路中的功能是点亮东西绿灯,给单片机 P0.7、P0.6、P0.5、P0.4、P0.3、P0.2、P0.1、P0.0 八个 I/O 口传送立即数 ♯0FEH (11111110 B),执行后在相应 I/O 口 P0.7、P0.6、P0.5、P0.4、P0.3、P0.2、P0.1 置高电平,P0.0 置低电平。

根据例 1 编程点亮南北方向的绿灯、黄灯、红灯。

方法一

```
_____ ;点亮南北绿灯
_____ ;点亮南北黄灯
_____ ;点亮南北红灯
```

方法二

```
_____ ;点亮南北绿灯
_____ ;点亮南北黄灯
_____ ;点亮南北红灯
```

2. 延时程序编写

根据交通灯各支路的通行时间,绿灯点亮 25 s、黄灯点亮 5 s、红灯点亮 30 s。试编程延

长时间子程序(延时子程序),使用 DJNZ 控制转移指令和 MOV 传送指令。

例 2:根据交通灯各支路通行时间试编制一个延时 50 ms 的子程序。

```
        ORG   1000H          ;延时子程序从地址 1000 开始
DELAY:  MOV   R6,♯200        ;寄存器 R6 送立即数 200
DELAY1: MOV   R7,♯123        ;寄存器 R7 送立即数 123
        NOP                  ;空操作
DELAY2: DJNZ  R7,DELAY2      ;寄存器 R7 内容减 1,不为 0 则转移到 DELAY2 处
                              执行,为 0 则执行下一条指令
        DJNZ  R6,DELAY1      ;寄存器 R6 内容减 1,不为 0 则转移到 DELAY2 处
                              执行,为 0 则执行下一条指令
        RET                  ;延时返回
```

例 2 分析:当单片机晶振频率为 12 MHz 时,一个机器周期为 1 μs,执行 MOV 指令需要 1 个机器周期(1 μs),NOP 指令需要 1 个机器周期(1 μs),DJNZ 指令需要 2 个机器周期(2 μs)。总延时时间计算如下:

$$1+[(1+1+2×123)+2]×200=50.001 \text{ ms}$$

指令功能分析:

DJNZ　Rn,REL 控制转移指令功能是执行该指令后,寄存器 Rn 中内容自动减 1,如果 Rn 中内容不为 0 则转移到 REL 标号处执行,如果 Rn 中内容为 0 则执行下一条指令。

参考例 2 计算下面延时子程序的总延时时间。

```
        ORG   1000H
DELAY:  MOV   R5,♯02H        ;_____
DELAY1: MOV   R6,♯0C8H       ;_____
DELAY2: MOV   R7,♯0FAH       ;_____
DELAY3: DJNZ  R7,DELAY3      ;_____
        DJNZ  R6,DELAY2      ;_____
        DJNZ  R5,DELAY1      ;_____
        RET
```

根据自己已学知识编制一个延时 10 ms 的子程序,设时间晶振频率为 12 MHz。

3.按键抖动处理

在单片机应用系统中,操作人员对系统进行初始化设置或输入任何数据等都要使用键盘。按键在闭合及断开的瞬间,电压信号伴随有一定时间的抖动,一般抖动时间为 5～10 ms。按键稳定闭合时间的长短由操作员的按键动作来决定,一般为零点几秒到几秒。为了保证 CPU 确认一次按键动作,必须消除抖动的影响,在单片机中一般采用软件消除抖动。

软件消除抖动方法是在程序执行过程中检测到有键按下时,先调用一段 5～10 ms 延时子程序,然后判断该按键是否仍保持闭合状态,如果是则确认有键按下,如图 12-2 所示。

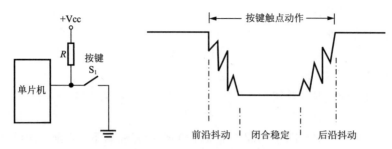

图 12-2 按键触点及其机械抖动

按键抖动处理流程如图 12-3 所示,程序如下。

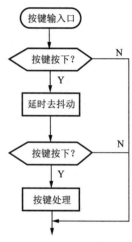

```
KEY:
    JNB    P3.2  NEXT    ;判断是否有按键按下
    LCALL DELAY          ;调用延时去抖动子程序
    JNB    P3.2  NEXT    ;再一次判断按键是否稳合按下
NEXT:
    ......                ;进入按键稳合处理程序
DELAY:
    ......                ;按键抖动延时子程序
```

4. 中断处理

中断顾名思义就是停止正在执行的过程,转而执行其他的过程。MCS-51 单片机中一共有 5 个中断:2 个外部中断,2 个定时/计数器中断,1 个串行口中断。内部或者外部事件的发生以及外设发

图 12-3 按键抖动流程

出的信号称为中断源,如电源断电、串口通信及外设提出的数据传输等。中断源向 CPU 发出信号称为中断请求,如电平变化、脉冲信号及溢出信号等。主程序停止目前的程序,转而处理该事件就称为中断响应。事件处理完毕,再转回主程序称为中断的返回。

(1)中断系统的结构。

中断系统的内部结构如图 12-4 所示,在 MCS-51 单片机中,开关状态由 SFR(TCON、SCON、IE 及 IP)的数值决定。5 个中断源分别为 $\overline{INT0}$、T0、$\overline{INT1}$、T1 和串口(TX 和 RX)。这 5 个中断的运行由 4 个控制寄存器控制,分别为 TCON、SCON、IE、IP。它们根据所代表突发事件的重要性又分为高、低优先级别,由 IP 优先级中断寄存器控制。

① 外部中断源和内部中断源。

a. 外部中断源。

单片机上有两个引脚 P3.2 和 P3.3,为中断 0 和 1,名称为 $\overline{INT0}$、$\overline{INT1}$。

b. 内部中断源。

TF0:定时器 T0 的溢出中断标记,当 T0 计数产生溢出时,由硬件置位 TF0。当 CPU响应中断后,再由硬件将 TF0 清零。

TF1:与 TF0 相类似。

TI、RI:串行口发送、接收中断。

② 中断标志。

$\overline{INT0}$、$\overline{INT1}$、T0、T1 中断请求标志存放在 TCON 中,见表 12-1。

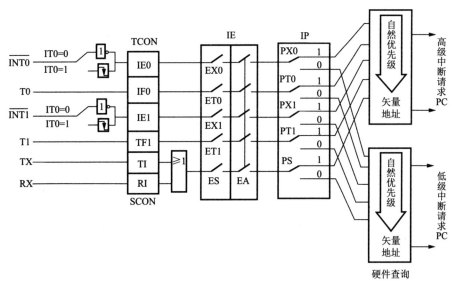

图 12-4 MCS-51 中断系统

表 12-1 TCON 寄存器的结构和功能

TCON 位	D7	D6	D5	D4	D3	D2	D1	D0
位名称	TF1	TR1	TF0	TR0	IE1	IT1	IE0	IT0
功 能	T1 中断标志	T1 启动控制	T0 中断标志	T0 启动控制	INT1 中断标志	INT1 触发方式	INT0 中断标志	INT0 触发方式

IT0：INT0 触发方式控制位，可由软件进行置位和复位。当 IT0＝0 时，INT0 为低电平触发方式；当 IT0＝1 时，INT0 为负跳变触发方式。

IE0：INT0 中断请求标志位。当有外部的中断请求时，标志位置 1，在 CPU 响应中断后，由硬件将 IE0 清零。IT1、IE1 的用途和 IT0、IE0 相同。

TF0：定时器 T0 的溢出中断标记，当 T0 计数产生溢出时，由硬件置位 TF0。当 CPU 响应中断后，再由硬件将 TF0 清零。TF1 和 TF0 类似。

③ 中断允许寄存器 IE。

在 MCS-51 中断系统中，中断的允许或禁止是由片内可进行位寻址的 8 位中断允许寄存器 IE 来控制，IE 格式见表 12-2。

表 12-2 IE 寄存器格式

IE 位	D7	D6	D5	D4	D3	D2	D1	D0
位名称	EA	—	—	ES	ET1	EX1	ET0	EX0
功 能	中断总控位	—	—	开串行口中断	开 T1 中断	开 INT1 中断	开 T0 中断	开 INT0 中断

其中，EA 是总开关，如果它等于 0，则所有中断都不允许。

ES：串行口中断允许。

ET1：定时器 1 中断允许。

EX1:外部中断 1 中断允许。

ET0:定时器 0 中断允许。

EX0:外部中断 0 中断允许。

④ 5 个中断源的自然优先级与中断服务入口地址。

5 个中断源的自然优先级从左向右依次降低,中断服务入口地址见表 12-3。

表 12-3　中断服务入口地址

中断源	外中断 0	定时器 0	外中断 1	定时器 1	串口
中断入口地址	0003H	000BH	0013H	001BH	0023H

（2）中断初始化及中断服务程序结构。

中断控制实质上是对 4 个与中断有关的特殊功能寄存器 TCON、SCON、IE 和 IP 进行管理和控制,具体实施如下:

① CPU 的开、关中断。

② 具体中断源中断请求的允许和禁止(屏蔽)。

③ 各中断源优先级别的控制。

④ 外部中断请求触发方式的设定。

中断管理和控制程序一般都包含在主程序中,根据需要通过几条指令来完成。中断服务程序是一种具有特殊功能的独立程序段,可根据中断源的具体要求进行服务。图 12-5 中,在单片机的 P2.0 和 P2.1 端口各接一个 LED 发光管,要求无外部中断时 D1 点亮,有外部中断时 D2 点亮,可编程实现其功能。

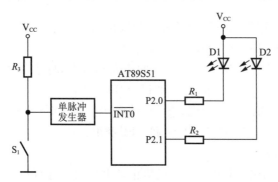

图 12-5　中断控制 LED 亮灭

电路中当 S 接通时,单脉冲发生器就输出一个负脉冲加到$\overline{INT0}$上,产生中断请求信号,CPU 响应中断后进入中断服务子程序,使 P2.1 端口 D1 点亮,程序如下。

```
            ORG     0000H
            AJMP    MAIN                ;转主程序
            ORG     0003H
            AJMP    INT0                ;转 INT0 中断服务程序
            ORG     0030H
MAIN: ANL   P2,＃00H                    ;熄灭两个 LED
            MOV     IE,＃00H            ;关中断
            CLR     IT0                 ;设置 INT0 为电平触发方式
```

```
            SETB      EA                ;开中断
            SETB      EX0               ;允许 INT0 中断
LOOP：MOV      P2，#01H          ;P2.0 端口的 LED 发光
            SJMP      LOOP
INT0：LCALL      DELAY            ;延时
            MOV       P2，#20H          ;P2.1 端口的 LED 发光
            RETI                         ;中断返回
            END
```

◆ 任务实施

1. 讨论决策、制订计划

小组成员集体讨论,得出实施决策,制订工作计划,合理安排工作进程。根据已学理论知识和操作技能,结合实习情景,填写工作实施计划(见表 12-4)。

表 12-4　交通灯制作工作计划

工作时间	共　　　　　小时		审核：	
计划实施步骤	①			计划指南： 　　制订计划需考虑合理性和可行性,可参考以下工序： →程序编写 →仿真调试 →硬件装调 →创新操作 →综合评价
	②			
	③			
	④			
	⑤			

2. 任务实施

(1) 准备器材。

为完成工作任务,组员需要填写仪器仪表借用清单(见表 12-5)和电子元器件领取清单(见表 12-6)。

表 12-5　仪器仪表借用清单

生产单号：　　　　　　　　　领料组别：　　　　　　　　　年　　月　　日

序号	名称与规格型号	数量	借出时间	借用人	归还时间	归还人	管理员签名

表 12-6　电子元器件领取清单

生产单号：　　　　　　　　　领料组别：　　　　　　　　　年　　月　　日

序号	名称与规格型号	申领数量	实发数量	是否归还	归还人签名	管理员签名

（2）硬件制作。

① 使用高精度激光打印机打印 PCB 图,采用热转印方法制作电路板。

② PCB 设计布局合理、走线简洁、大面积接地、元器件排列整齐。

③ 12 个交通灯按颜色要求安装,高度一致。

（3）程序编写。

根据所学知识,查阅相关资料,按照图 12-6 所示的流程图用位操作指令完成以下程序编写。

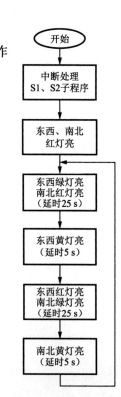

图12-6　交通灯流程图

```
            ORG     0000H
            LJMP    MAIN
;* * * * * * * * * *中断处理程序* * * * * * * * * * * *
            ORG     0003H
            LJMP    S1          ;外部中断 0
            ORG     0013H
            LJMP    S2          ;外部中断 1
            ORG     030H
MAIN:MOV     SP,♯60H     ;设定堆栈指针寄存器 SP
            MOV     IE,♯85H     ;设定中断允许寄存器 IE
;* * * * * *东西南北方向红灯亮,其他灯熄灭* * * * * * *
MAIN:
            CLR     P0.2        ;点亮东西方向红灯
            CLR     P0.5        ;点亮南北方向红灯
            SETB    P0.0        ;熄灭东西方向绿灯
            SETB    P0.1        ;熄灭东西方向黄灯
```

```
        SETB    P0.3        ;熄灭南北方向绿灯
        SETB    P0.4        ;熄灭南北方向黄灯
```

```
;＊＊＊＊＊＊＊东西方向绿灯亮,南北方向红灯亮,其他灯熄灭＊＊＊＊＊＊＊＊
AAA：
        CLR     P0.0        ;点亮东西方向绿灯
        CLR     P0.5        ;点亮南北方向红灯
        SETB    P0.1        ;熄灭东西方向黄灯
        SETB    P0.2        ;熄灭东西方向红灯
        SETB    P0.3        ;熄灭南北方向绿灯
        SETB    P0.4        ;熄灭南北方向黄灯
;＊＊＊＊＊＊＊＊＊＊＊调用延时25 s子程序＊＊＊＊＊＊＊＊＊＊＊＊＊
        ACALL   DEL25S      ;延时25 s
;＊＊＊＊＊＊＊＊东西黄灯亮,南北方向红灯亮,其他灯熄灭＊＊＊＊＊＊＊＊
        CLR     P0.1        ;点亮东西方向黄灯
        CLR     P0.5        ;点亮南北方向红灯
        SETB    P0.0        ;熄灭东西方向绿灯
        SETB    P0.2        ;熄灭东西方向红灯
        SETB    P0.3        ;熄灭南北方向绿灯
        SETB    P0.4        ;熄灭南北方向黄灯
;＊＊＊＊＊＊＊＊＊＊＊＊调用延时5 s子程序＊＊＊＊＊＊＊＊＊＊＊＊＊
        ACALL   DEL5S       ;延时5 s
;＊＊＊＊＊＊＊东西方向红灯亮,南北方向绿灯亮,其他灯熄灭＊＊＊＊＊＊＊＊
        _____     ;点亮东西方向红灯
        _____     ;点亮南北方向绿灯
        _____     ;熄灭东西方向绿灯
        _____     ;熄灭东西方向黄灯
        _____     ;熄灭南北方向红灯
        _____     ;熄灭南北方向黄灯
;＊＊＊＊＊＊＊＊＊＊＊＊调用延时25 s子程序＊＊＊＊＊＊＊＊＊＊＊＊＊
        ACALL   DEL25S      ;延时25 s
;＊＊＊＊＊＊＊＊＊东西方向红灯亮,南北方向黄灯,其他灯熄灭＊＊＊＊＊＊＊＊
        _____     ;点亮东西方向红灯
        _____     ;点亮南北方向黄灯
        _____     ;熄灭东西方向绿灯
        _____     ;熄灭东西方向黄灯
        _____     ;熄灭南北方向绿灯
        _____     ;熄灭南北方向黄灯
;＊＊＊＊＊＊＊＊＊＊＊＊调用延时5 s子程序＊＊＊＊＊＊＊＊＊＊＊＊＊
        ACALL   DEL5S       ;延时5 s
```

```
;* * * * * * * * * * 跳转回 AAA 标号处循环运行 * * * * * * * * * *
        AJMP    AAA              ;绝对转移到 AAA 标号处循环运行
;* * * * * * * * * * * *调用延时 25 s 子程序* * * * * * * * * * * * *
        ORG     0100H
DEL25S:_____

        _____

        _____

        _____

        _____

;* * * * * * * * * * * * 调用延时 5 s 子程序* * * * * * * * * * * * *
        ORG     0200H
DEL25S:_____

        _____

        _____

        _____

        _____

;* * * * * * * *东西方向绿灯亮,南北方向红灯亮,其他灯熄灭* * * * * * * *
S1:                              ;中断处理子程序
        CLR     P0.0             ;点亮东西方向绿灯
        CLR     P0.5             ;点亮南北方向红灯
        SETB    P0.1             ;熄灭东西方向黄灯
        SETB    P0.2             ;熄灭东西方向红灯
        SETB    P0.3             ;熄灭南北方向绿灯
        SETB    P0.4             ;熄灭南北方向黄灯
        RETI                     ;中断返回
;* * * * * * * *南北方向绿灯亮,东西方向红灯亮,其他灯熄灭* * * * * * * *
S2:                              ;中断处理子程序
        _____        ;点亮东西方向红灯
        _____        ;点亮南北方向绿灯
        _____        ;熄灭东西方向绿灯
        _____        ;熄灭东西方向黄灯
        _____        ;熄灭南北方向红灯
        _____        ;熄灭南北方向黄灯
        RETI                     ;中断返回
        END
```

（4）仿真和烧写。

使用伟福 SP51 仿真器和 RF-1800 编程器仿真和烧写程序。单片机写入程序后,按引脚号正确插入交通灯电路板 IC1 插座。最后,电路检查无误后接通 5 V 电源,观察 12 个发光二极管的点亮效果,填入表 12-7。

表 12-7 交通灯调试记录表

调试要求		交通灯状态	通行方向
按程序流程图写出程序执行一个流程的指示效果	①		
	②		
	③		
	④		
按一次 S1 后，程序执行状态			
按一次 S2 后，程序执行状态			
按一次 S3 后，程序执行状态			

想一想

（1）交通灯在缓行时黄灯一直保持点亮，如果要让其闪烁指示，该怎么修改程序？

（2）本电路中，若要绿灯点亮时间为 15 s，黄灯点亮时间为 5 s，红灯点亮时间为 20 s，该怎么修改程序？

（3）总结（见表 12-8）。

本次任务使自己学习到哪些知识，积累了哪些经验，记录下来以提升自己的技能水平。

表 12-8 工作总结

正确装调方法	
错误装调方法	
经验总结	

🔷 知识拓展

一套合理的交通灯控制系统会让现代的公路资源发挥高效的交通作用。本次任务的交通灯功能简单,没有左转弯指示功能,在现实的十字路口中无法充分发挥其控制作用。根据已学知识,使用 MCS-51 单片机重新设计一个带左转弯指示的硬件电路,编写控制程序,流程图如图 12-6 所示,赶紧构思设计、动手制作吧。

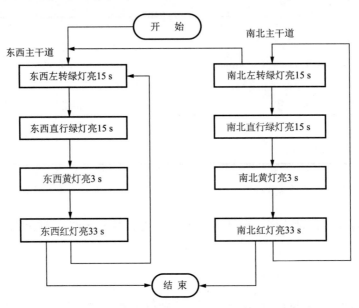

图 12-6 带左转弯功能的交通灯控制系统

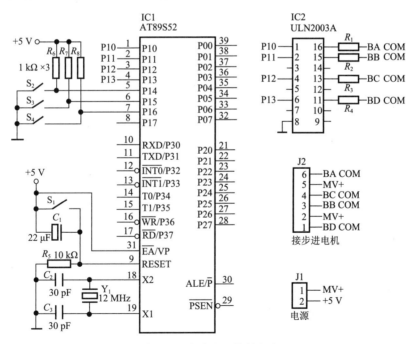

任务十三 步进电机控制器制作

◆ 任务名称

步进电机控制器制作。

◆ 任务描述

步进电机广泛应用于自动化工控制系统中,它的运转受驱动器控制,利用单片机最小系统和少量外围器件可组成一个功能简易,性能稳定、可靠的步进电机控制器,电路如图13-1 所示,控制器能控制步进电机正转、反转和停止。

图 13-1　步进电机控制电路

任务要求:

(1) 电路上电复位或手动 S1 复位,控制准确、工作可靠。

(2) S2:正转;S3:反转;S4:停止。

(3) 通过程序可改变步进电机的步距角。

能力目标

（1）能编写单片机脉冲产生程序，能分析步进控制器的工作原理。

（2）能熟练制作步进电机控制器 PCB，元器件安装工艺符合标准。

（3）能掌握步进电机控制程序的设计、仿真和硬件调试。

（4）培养自主学习、团队协作、拓展创新能力。

知识平台

1. ULN2003A 集成驱动芯片

ULN2003A 是一块高电压、高电流的达林顿晶体管阵列集成电路，由 7 对 NPN 达林顿管组成。它的高电压输出特性和阴极钳位二极管可以转换感应负载。单对达林顿管的集电极电流为 500 mA，达林顿管并联可以承受更大的电流。此集成驱动电路主要应用于继电器驱动器、字符驱动器、灯驱动器、显示驱动器、线路驱动器和逻辑缓冲器等。引脚排列如图 13-2 所示，内部逻辑电路如图 13-3 所示。

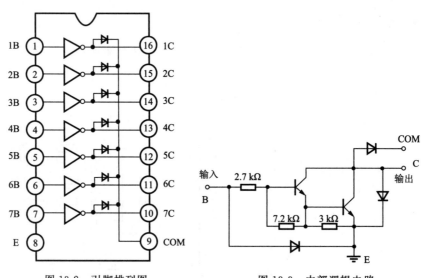

图 13-2　引脚排列图　　　　图 13-3　内部逻辑电路

ULN2003A 内部每对达林顿管都有一个 2.7 kΩ 的串联电阻，可以直接连接 TTL 或 5 V 的 CMOS 电路。主要特点：

（1）500 mA 额定集电极电流（单个输出）。

（2）高电压输出 50 V。

（3）输入兼容各种类型的逻辑器件。

（4）应用继电器驱动器。

2. 单片机控制步进电机的原理

步进电机是数字控制电机，它将脉冲信号转变成角位移，给一个脉冲信号，步进电机就转动一个角度，用单片机可以控制步进电机转动，基本原理如下。

（1）控制换相顺序。

通电换相过程称为脉冲分配。例如：三相步进电机的三拍工作方式，其各相通电顺序为 A→B→C，通电控制脉冲必须严格按照这一顺序分别控制 A、B、C 相的通断。

（2）控制步进电机的转向。

步进电机旋转方向与内部绕组的通电顺序相关，改变通电顺序可以改变步进电机的转向。例如：三相六拍通电顺序中，正转：A→AB→B→BC→C→CA；反转：A→AC→C→CB→B→BA。

（3）控制步进电机的速度。

单片机给步进电机一个控制脉冲，它就转一步，再给一个脉冲，它再转一步。两个脉冲的间隔越短，步进电机转得越快。通过控制单片机输出的脉冲频率可以对步进电机进行调速。

3. 单片机脉冲信号的产生

单片机的脉冲信号波形如图 13-4 所示，脉冲的幅值为 0～5 V(TTL 电路)，通电时间和断开时间可以使用延时程序来控制。实现脉冲分配（即通电换相控制）的方法有两种：软件法和硬件法。

（1）通过软件实现脉冲分配。

软件法是完全用软件方式，按照程序给定的通电换相顺序，通过单片机 I/O 口向驱动电路输出控制脉冲。以三相六拍为例，通电换相正转为 A→AB→B→BC→C→CA→A，反转为 A→AC→C→CB→B→BA→A。P0.0、P0.1 和 P0.2 口分别输出 A、B、C 相的驱动脉冲信号，软件实现脉冲分配的接口如图 13-5 所示。三相六拍控制字见表 13-1。

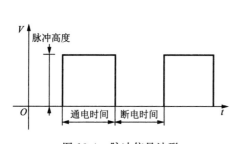
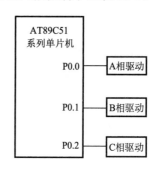

图 13-4　脉冲信号波形　　　图 13-5　软件实现脉冲分配的接口示意图

表 13-1　三相六拍工作方式的控制字

通电状态	P0.2	P0.1	P0.0	控制字
A	0	0	1	01H
AB	0	1	1	03H
B	0	1	0	02H
BC	1	1	0	06H
C	1	0	0	04H
CA	1	0	1	05H

注：0 代表绕组断电，1 代表绕组通电。

在程序中，只要依次将高、低电平送到 P0 口，步进电机就会转动一个步距角，每送一个控制字，就完成一拍，步进电机转过一个步距角。

软件法在步进电机运行过程中需要不停地产生控制脉冲，占用了大量的 CPU 时间，可能使单片机无法同时进行其他工作，这是软件法最大的缺点。

（2）通过硬件实现脉冲分配。

硬件法实现脉冲分配实际上是使用脉冲分配器件进行分配,实现通电换相控制。比如常见的 PMM8713,它的主要作用是把单片机输出的控制脉冲信号经过逻辑组合转换成各相绕组通电、断电的时序逻辑信号。

PMM8713 属于单极性 CMOS 集成电路,用于控制三相和四相步进电机,根据需要可选择不同的激励方式。其内部集成电路由时钟选通、激励方式控制、激励方式判断和可逆环形计数器等组成。PMM8713 可以选择单时钟输入或双时钟输入,具有正反转控制、初始化复位、工作方式和输入脉冲状态监视等功能,所有输入端内部都设有斯密特整形电路,可以提高抗干扰能力,使用 4～18 V 直流电源,输出电流为 20 mA。选用单时钟输入方式时,PMM8713 的 3 脚为步进脉冲输入端,4 脚为转向控制端,这两个引脚的输入信号均由单片机提供

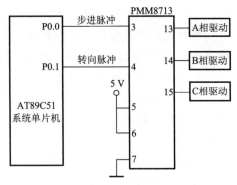

图 13-6　AT89C51 系列单片机和
8713 脉冲分配器的接口图

和控制。如果对步进电机三相六拍方式进行控制,5、6 脚接高电平,7 脚接地,连接如图 13-6 所示。脉冲分配器的输出电流很小,无法直接驱动步进电机,要满足驱动要求,还必须外接功率驱动电路。

由于采用了脉冲分配器,单片机只需提供步进脉冲进行速度控制和转向控制,脉冲分配的工作交给 PMM8713 来自动完成,因此,单片机的负担减轻,程序亦变得简单。

◆ 任务实施

1.讨论决策、制订计划

小组成员集体讨论,得出实施决策,制订工作计划,合理安排工作进程。根据已学理论知识和操作技能,结合实习情景,填写工作实施计划(见表 13-2)。

表 13-2　步进电机控制器制作工作计划

工作时间	共　　　小时	审核：	
计划实施步骤	①		计划指南： 制订计划需考虑合理性和可行性,可参考以下工序： →程序编写 →仿真调试 →硬件装调 →创新操作 →综合评价
	②		
	③		
	④		
	⑤		

2.任务实施

(1) 准备器材。

为完成工作任务,组员需要填写仪器仪表借用清单(见表 13-3)和电子元器件领取清单(见表 13-4)。

表 13-3　仪器仪表借用清单

生产单号:　　　　　　　　　　领料组别:　　　　　　　　年　　　月　　　日

序号	名称与规格型号	数量	借出时间	借用人	归还时间	归还人	管理员签名

表 13-4　电子元器件领取清单

生产单号:　　　　　　　　　　领料组别:　　　　　　　　年　　　月　　　日

序号	名称与规格型号	申领数量	实发数量	是否归还	归还人签名	管理员签名

(2) 硬件制作。

① 使用高精度激光打印机打印 PCB 图,采用热转印方法制作电路板。

② IC1 和 IC2 采用集成插座安装,插装时注意引脚顺序是否正确。

③ 时钟振荡元器件紧贴底板安装,剪去过长引脚。

(3) 程序编写。

以下是一个单双八拍方式驱动步进电机的程序,能控制步进电机的转速和方向。试参考该程序编写一个完整的步进电机控制程序,通过按键实现步进电机的正转、反转和停止。

3.参考程序

```
        ORG     0000H
        LJMP    MIAN
MAIN:   MOV     SP,♯06H      ;设置堆栈指针
        ACALL   DELAY
SMRUN:                       ;电机控制方式为单双八拍
        MOV     P1,♯08H      ;A
        ACALL   DELAY
        MOV     P1,♯0CH      ;AB
        ACALL   DELAY
        MOV     P1,♯04H      ;B
        ACALL   DELAY
```

```
        MOV     P1,#06H          ;BC
        ACALL   DELAY
        MOV     P1,#02H          ;C
        ACALL   DELAY
        MOV     P1,03H           ;CD
        ACALL   DELAY
        MOV     P1,01H           ;D
        ACALL   DELAY
        MOV     P1,09H           ;DA
        ACALL   DELAY
        SJMP    SMRUN            ;循环转动
DELAY：                          ;延时程序
        MOV     R4,#10
DELAY1：MOV     R5,#250
        DJNZ    R5,$
        DJNZ    R4,DELAY
        RET
        END
```

（4）仿真和烧写。

单片机写入程序后,按引脚号正确插入步进电机控制电路板 IC1 的插座。电路检查无误后,接上 5 V 电源,按正转、反转或停止开关时,观察步进电机转动的效果。

◆ 想一想

（1）本任务使用两个按键实现正转、反转功能,若要使用一个按键实现正转、反转,每按一次按键就在正转、反转之间切换,程序应如何设计?

（2）单片机控制程序中若需改变步进电机的速度,该怎样设计程序?

（3）总结(见表 13-5)。

本次任务使自己学习到哪些知识,积累了哪些经验,记录下来以提升自己的技能水平。

表 13-5 工作总结

正确装调方法	
错误装调方法	
经验总结	

知识拓展

试根据图 13-8 编写一个单片机控制步进电机变速运转的程序。该程序能通过按键开关控制步进电机正转、反转，同时具备高速、中速和低速切换功能。运用所学的知识，查阅相关资料，赶紧动手试一试。

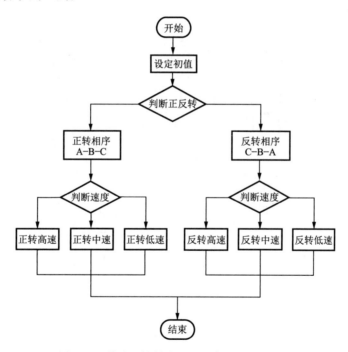

图 13-8 单片机控制步进电机多种速度流程图

任务十四
电子时钟制作

❖ 任务名称

电子时钟制作。

❖ 任务描述

电子时钟可使用数字集成电路进行制作,但组成的电路较复杂。利用单片机系统和少量外围器件即可构成六位数字显示电子时钟,电路如图 14-1 所示。电路结构简洁,带时间调整功能,制作调试方便。

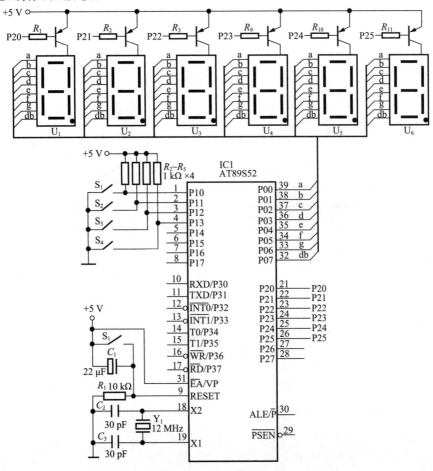

图 14-1　电子时钟电路

任务要求：

(1) 时钟电路 PCB 设计合理，数码管排列整齐，走线简洁可靠。

(2) S1、S2 为小时加减功能按钮，S3、S4 为分钟加减功能按钮。

(3) 电路能上电复位或手动复位，数码管显示亮度一致，能达到白天显示的要求。

能力目标

(1) 能分析一秒定时电路的原理，进行程序的设计、编写、仿真。

(2) 能快速编写电子时钟程序，利用仪器进行仿真和烧写。

(3) 能熟练制作电子时钟电路和排除一般故障。

(4) 培养自主学习、团队协作、拓展创新能力。

知识平台

1. 定时/计数器概述

MCS-51 单片机可提供 2 个 16 位的定时/计数器：定时/计数器 1 和定时/计数器 0，最大的计数量为 65 536。它们均可用作定时器或事件计数器，为单片机系统提供定时和计数功能。单片机中的定时器和计数器是同一个东西，只不过计数器是记录外界发生的事情，而定时器则是提供一个非常稳定的计数源。

(1) 定时/计数器方式寄存器和控制寄存器。

在单片机中有两个特殊功能寄存器与定时/计数有关，这就是方式寄存器 TMOD 和控制寄存器 TCON。一旦把控制字写入 TMOD 和 TCON，在下一条指令的第 1 个机器周期初(S1P1 期间)就发生作用。

TMOD 和 TCON 是名称，在写程序时就可以直接用这个名称来指定它们，也可以直接用地址 89H 和 88H 来指定它们。TMOD 的位名称和功能见表 14-1。

表 14-1　TMOD 的位名称和功能

TMOD 位	D7	D6	D5	D4	D3	D2	D1	D0
位名称	GATE	C/$\overline{\text{T}}$	M1	M0	GATE	C/$\overline{\text{T}}$	M1	M0
功　能	门控位	定时/计数方式选择	工作方式选择		门控位	定时/计数方式选择	工作方式选择	
	高 4 位控制定时/计数器 1				低 4 位控制定时/计数器 0			

TMOD 被分成两部分，每部分 4 位，分别用于控制 T1 和 T0。由于控制 T1 和 T0 的位名称相同，为了不至于混淆，在使用中 TMOD 只能按字节操作，不能单独进行位操作。TMOD 各位含义如下。

① M1 和 M0：方式选择位，工作方式见表 14-2。

② C/$\overline{\text{T}}$：功能选择位。当 C/$\overline{\text{T}}$＝0 时，设置为定时器工作方式；当 C/$\overline{\text{T}}$＝1 时，设置为计数器工作方式。

③ GATE：门控位。当 GATE＝0 时，软件控制位 $\overline{\text{TR0}}$ 或 $\overline{\text{TR1}}$ 置 1 即可启动定时器；当 GATE＝1 时，软件控制位 $\overline{\text{TR0}}$ 或 $\overline{\text{TR1}}$ 须置 1，同时 $\overline{\text{INT0}}$(P3.2)或 $\overline{\text{INT1}}$(P3.3)为高电平方可启动定时器，即允许外中断 $\overline{\text{INT0}}$、$\overline{\text{INT1}}$ 启动定时器。

TCON 也被分成两部分，高 4 位用于定时/计数器，低 4 位则用于中断。TF1、TF0 是溢出标志,当计数溢出后它们就由 0 变 1。TR1、TR0 是运行控制位,由软件置"1"或清零来启动或关闭定时器。

表 14-2　M1、M2 工作方式选择表

M1	M0	工作方式	说　明
0	0	方式 0	13 位计数器
0	1	方式 1	16 位计数器
1	0	方式 2	自动再装入 8 位计数器
1	1	方式 3	定时器 0:分成两个 8 位计数器; 定时器 1:停止计数

(2)定时/计数器的 4 种工作方式。

① 工作方式 0。

定时/计数器的工作方式 0 称为 13 位定时/计数方式。它由 TL 的低 5 位和 TH 的 8 位构成 13 位的计数器,TL 的高 3 位未用,电路结构如图 14-2 所示。

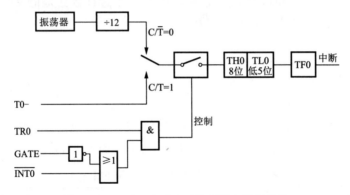

图 14-2　T0(T1)方式 0 时的逻辑电路结构图

通过图 14-2 可看出当选择定时/计数器的工作方式 0 后,定时/计数器脉冲还受到一个中间开关控制,若开关不闭合,计数脉冲无法通过。假如 GATE=0 时非门输出为 1,进入或门后输出总是 1,和或门另一个输入端$\overline{INT0}$无关。在这种情况下,控制开关闭合或断开只取决于 TR0,只要 TR0=1,开关闭合,计数器脉冲畅通无阻,如果 TR0=0,则开关断开,计数脉冲无法通过,因此,定时/计数器是否工作只取决于 TR0。当 GATE=1 时计数脉冲通路上的开关不仅要由 TR0 来控制,而且还要受到$\overline{INT0}$的控制,只有当 TR0=1 且$\overline{INT0}$=1 时,控制开关才闭合,计数脉冲才通过。

② 工作方式 1。

工作方式 1 是 16 位的定时/计数方式,M1、M0 为 01 时,其他特性与工作方式 0 相同。

③ 工作方式 2。

工作方式 2 是 16 位加法计数器,TH0 和 TL0 具有不同功能,其中,TL0 是 8 位计数器,TH0 是重置初值的 8 位缓冲器。方式 2 具有初值自动装入功能,每当计数溢出就会打开高、低 8 位之间的开关,预置数进入低 8 位。这由硬件自动完成,不需要人工干预。

④ 工作方式 3。

定时/计数器采用工作方式 3 时,定时器 T0 被分解成为两个独立的 8 位计数器 TL0 和

TH0。

（3）定时/计数器的定时/计数范围。

工作方式0：13位定时/计数方式，最多可以计到2^{13}，为8 192次。

工作方式1：16位定时/计数方式，最多可以计到2^{16}，为65 536次。

工作方式2和工作方式3：8位定时/计数方式，最多可以计到2^8，为256次。

预置值计算：用最大计数量减去需要计数的次数即可。

2. 定时/计数器初始化

由于定时/计数器的功能是由软件程序确定的，所以，一般在使用定时/计数器前都要对其进行初始化。初始化步骤如下。

（1）确定工作方式，对TMOD赋值。"MOV TMOD ♯10H"表明定时器1工作在方式1，且工作在定时器方式。

（2）预置定时或计数的初值，直接将初值写入TH0、TL0或TH1、TL1。

定时/计数器的初值因工作方式的不同而不同。设最大计数值为M，则各种工作方式下的M值如下。

方式0：$M=2^{13}=8\ 192$；

方式1：$M=2^{16}=65\ 536$；

方式2：$M=2^8=256$；

方式3：定时器0分成2个8位计数器，所以2个定时器的M值均为256。

因定时器/计数器工作的实质是做"加1"，所以，当最大计数值M值已知时，初值X可计算如下：

$$X=M-计数值$$

若利用定时器1定时，采用方式1，要求每50 ms溢出一次，系统采用12 MHz晶振，则$M=65\ 536$，12 MHz晶振的计数周期$T=1\ \mu s$，计数值$=50\times 1\ 000=50\ 000$，计数初值为：

$$X=65\ 536-50\ 000=15\ 536=3CB0H$$

将3C、B0分别预置给TH1、TL1。

（3）根据需要开启定时/计数器中断，直接对IE寄存器赋值。"MOV IE，♯82H"表明允许定时器T0中断。

（4）启动定时/计数器工作，将TR0或TR1置"1"。

GATE=0时，直接由软件置位启动；当GATE=1时，除软件置位外，还必须在外中断引脚处加上相应的电平值才能启动。

3. LED显示数字程序

利用单片机的P0口作为输出口，接一个数码管，通过编程实现数码管循环显示十进制数字0～9。若连接多个数码管，通过编程可以实现多位十进制数字的显示。

（1）LED静态显示0～9。

数码管采用共阳型，连接如图14-3，数码管显示采用查表的方法，0～9的字形码存放在数据表格中，在DPTR内存放数据表格首地址，A存放要显示的数据，利用"MOVC A，@A+DPTR"这条

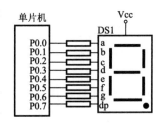

图14-3 连接图

指令查找字形码。参考程序如下：

```
            NUM     EQU 40H             ;定义数字变量
            ORG     0000H
            LJMP    START               ;转移到初始化程序
            ORG     0030H
START：MOV    NUM,♯00H            ;初始化变量初值
MAIN：MOV    A,NUM               ;数字送入 A
            MOV     DPTR,♯CHAR          ;字形码首地址存放 DPTR
            MOVC    A,@A+DPTR           ;数字对应字形码送入 A
            MOV     P0,A                ;字形码送入 P0 口显示
            LCALL   DELAY               ;延时
            MOV     A,NUM               ;数字送入 A
            INC     A                   ;加 1
            CJNE    A,♯0AH,AA           ;不等于 10 转 AA
BB：  MOV    A,♯00H             ;等于 10,送初值 0
AA：  MOV    NUM,A              ;保存数字
            LJMP    MAIN                ;循环,继续显示
DELAY：MOV    R7,♯1EH            ;延时子程序
D3：  MOV    R6,♯21H
D2：  MOV    R5,♯0FAH
D1：  DJNZ   R5,D1
            DJNZ    R6,D2
            DJNZ    R7,D3
            RET
CHAR：DB     0C0H,0F9H,0A4H,0B0H,99H,92H,82H,0F8H,80H,90H
                                ;共阳型字码表
            END
```

（2）LED 动态显示 0～59。

要显示 0～59 两位数字,采用动态显示,两个数码管依次轮流显示,而且以比较快的频率重复,只要重复显示的频率不小于 50 Hz,由于人眼睛的视觉暂留特性,主观感觉如同静态一样。将两个数码管的笔画段 a～dp 同名端连接在一起,公共端（阳极）受 P2.0、P2.1 控制,连接如图 14-4 所示。单片机向字段输出口送出字形码时,虽然所有数码管都接收相同的字形码,但只有被选中的位才显示。

程序包括延时子程序、一秒定时子程序和显示子程序。单片机延时子程序不是用来执行具体功能,而是占用一定时间。延时子程序由循环结构组成,循环结构中的语句被多次执行,如图 14-5 所示。每执行一次需占用若干机器周期,延时时间＝程序指令执行的总机器周期数×机器周期时间。

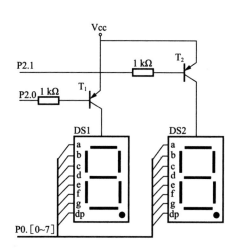

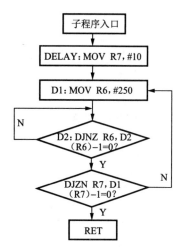

图 14-4 LED 和单片机连接图   图 14-5 延时程序循环流程图

参考程序如下：

```
            SEC     EQU   42H
            SEC_1   EQU   40H
            SEC_2   EQU   41H
            ORG     0000H
            LJMP    START
            ORG     000BH
            LJMP    CT0S
            ORG     0030H
START:      MOV     R3,#20
            MOV     TMOD,#01H
            MOV     TH0,#04BH
            MOV     TL0,#0FFH
            SETB    EA
            SETB    ET0
            MOV     SEC,#00H
            SETB    TR0
MAIN:       LCALL   BCD8421
            LCALL   DISPLAY
            LJMP    MAIN
DELAY:      MOV     R7,#255
D1:         DJNZ    R7,D1
            RET
CT0S:       PUSH    A
            MOV     TH0,#04BH
            MOV     TL0,#0FFH
```

```
          DJNZ   R3,EE
          MOV    R3,♯20
          MOV    A,SEC
          INC    A
          MOV    SEC,A
          CJNE   A,♯60,EE
          MOV    SEC,♯00H
EE：      POP    A
          RETI
BCD8421：MOV    A,SEC
          MOV    B,♯0AH
          DIV    AB
          MOV    SEC_1,B
          MOV    SEC_2,A
          RET
DISPLAY：
          MOV    P2,♯00H
          MOV    A,SEC_2
          MOV    DPTR,♯CHAR
          MOVC   A,@A+DPTR
          MOV    P0,A
          MOV    P2,♯02H
          LCALL  DELAY
          MOV    A,SEC_1
          MOVC   A,@A+DPTR
          MOV    P0,A
          MOV    P2,♯01H
          LCALL  DELAY
          RET
CHAR：    DB     0C0H,0F9H,0A4H,0B0H,99H,92H,82H,0F8H,80H,90H
          END
```

◆ 任务实施

1.讨论决策、制订计划

小组成员集体讨论,得出实施决策,制订工作计划,合理安排工作进程。根据已学理论知识和操作技能,结合实习情景,填写工作实施计划(见表14-3)。

表 14-3 电子时钟制作工作计划

工作时间	共 小时	审核：	
计划实施步骤	①		计划指南： 　制订计划需考虑合理性和可行性，可参考以下工序： →程序编写 →仿真调试 →硬件装调 →创新操作 →综合评价
	②		
	③		
	④		
	⑤		

2.任务实施

（1）准备器材。

为完成工作任务,组员需要填写仪器仪表借用清单(见表 14-4)和电子元器件领取清单(见表 14-5)。

表 14-4 仪器仪表借用清单

任务单号：　　　　　　　领料组别：　　　　　　　年　　月　　日

序号	名称与规格型号	数量	借出时间	借用人	归还时间	归还人	管理员签名

表 14-5 电子元器件领取清单

任务单号：　　　　　　　领料组别：　　　　　　　年　　月　　日

序号	名称与规格型号	申领数量	实发数量	是否归还	归还人签名	管理员签名

（2）硬件制作。

① 使用高精度激光打印机打印 PCB 图，采用热转印方法制作电路板。

② 6 个数码管排列成一行，安装整齐，高度一致。

③ 时间调整开关安装在方便操作的位置。

④ 时钟振荡元器件紧贴底板安装，剪去过长引脚。

（3）程序编写。

根据系统实现的功能，软件要完成的工作是：按键扫描，按键处理，延时 1 s 计时，以十进制形式显示时间等。

初始化程序及主程序：初始化程序的主要功能是定义变量内存分配，初始化缓冲区，初始化 T0 定时器，初始化中断，开中断，启动定时器；主程序循环执行调按键处理子程序、调 BCD 码转换子程序、调显示子程序。主程序流程图如图 14-6 所示。

按键扫描子程序：根据硬件设计 4 个按键的作用是调整时间，分钟变量加 1 min 或减 1 min；小时变量加 1 h 或减 1 h。扫描过程：逐一轮流检查按键是否按下，如果没有按下，则继续检查下一按键，如果按键按下，延时去抖后执行按键相应功能指令。流程图如图 14-7 所示。

定时中断程序：利用定时/计数器 T0 进行 50 ms 定时，R3 计数 20 次，完成 1 s 计时并加 1，判断是不是到 60 s，如果到 60 s，分钟加 1，判断是不是到 60 min，如到 60 min，小时加 1，小时到 24 时置 "0"。流程图如图 14-8 所示。显示时间程序采用动态扫描方式，P0 口输出段码，P2 口输出位码，依次显示小时十位、小时个位、分钟十位、分钟个位、秒十位和秒个位。

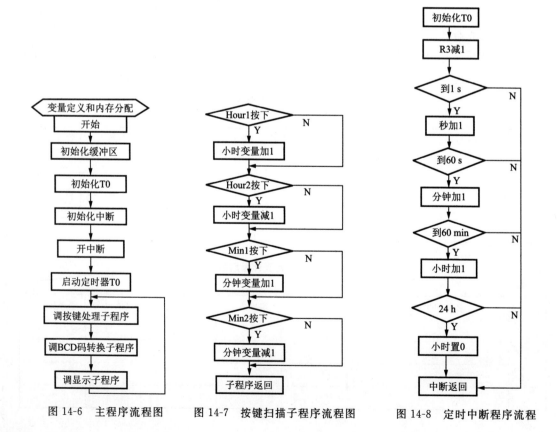

图 14-6　主程序流程图　　图 14-7　按键扫描子程序流程图　　图 14-8　定时中断程序流程

参考程序如下：

```
            KEY_BUF     EQU   33H          ;键盘缓冲区
            KEYTEMR     EQU   34H          ;临时按键值
            HOUR        EQU   40H          ;小时变量
            MIN         EQU   41H          ;分钟变量
            SEC         EQU   42H          ;秒变量
            HOUR_1      EQU   50H          ;小时 BCD 码个位
            HOUR_2      EQU   51H          ;小钟 BCD 码十位
            MIN_1       EQU   52H          ;分钟 BCD 码个位
            MIN_2       EQU   53H          ;分钟 BCD 码十位
            SEC_1       EQU   54H          ;秒 BCD 码个位
            SEC_2       EQU   55H          ;秒 BCD 码十位
            SW1         BIT   P1.0         ;小时加 1 按键
            SW2         BIT   P1.1         ;小时减 1 按键
            SW3         BIT   P1.2         ;分钟加 1 按键
            SW4         BIT   P1.3         ;分钟减 1 按键
            ORG         0000H
            LJMP        START              ;转移到初始化程序
            ORG         000BH
            LJMP        CT0S               ;到定时器 0 的中断服务程序
            ORG         0030H
START：                                     ;初始化部分
            MOV         33H,#00H           ;初始化缓冲区
            MOV         HOUR,#12           ;初始时间 12：30：00
            MOV         MIN,#30
            MOV         SEC,#00
            MOV         R3,#20             ;初始化 R3(20 次 50 ms 的中断)
            MOV         TMOD,#01H          ;初始化 T0 定时器,T0 工作方式 1,定
                                            时 50 ms
            MOV         TH0,#04BH          ;送定时器初值
            MOV         TL0,#0FFH
            SETB        EA                 ;开总中断
            SETB        ET0                ;开定时器 0 中断
            SETB        TR0                ;启动定时器
MAIN：      LCALL       KEYPRESS           ;调按键处理子程序
            LCALL       BCD8421            ;调 BCD 码转换子程序
            LCALL       DISPLAY            ;调显示子程序
            LJMP        MIAN
DELAY：     MOV         R7,#255            ;延时子程序
D2：        DJNZ        R7,D2
```

```
                RET
KEYPRESS：                              ;按键处理子程序,P1 口为按键的接口
        SETB        SW1             ;设置为输入
        JB          SW1,KEY1        ;按键没有按下,查询下一按键
        LCALL       DELAY           ;若按下,延时去抖
        JB          SW1,KEY1
        MOV         A,HOUR          ;小时变量送入 A
        INC         A               ;小时数加 1
        MOV         HOUR,A          ;保存小时数
        CJNE        A,#24,KEY0      ;如果不等于 24,等待按键释放
        MOV         HOUR,#00H       ;如果等于 24,则使小时数等于 0
KEY0：   LCALL       DISPLAY         ;调显示子程序起延时去抖作用,保证
                                     扫描显示不停
        JNB         SW1,KEY0        ;没有释放,继续等待
        LCALL       DISPLAY
        JNB         SW1,KEY0
KEY1：   SETB        SW2
        JB          SW2,KEY2
        LCALL       DELAY
        JB          SW2,KEY2
        MOV         A,HOUR
        DEC         A               ;小时变量减 1
        MOV         HOUR,A
        CJNE        A,#255,KEY10    ;0 减 1 等于 255
        MOV         HOUR,#23
KEY10：  LCALL       DISPLAY
        JNB         SW2,KEY10
        LCALL       DISPLAY
        JNB         SW2,KEY10
KEY2：   SETB        SW3
        JB          SW3,KEY3
        LCALL       DELAY
        JB          SW3,KEY3
        MOV         A,MIN
        INC         A               ;分钟变量加 1
        MOV         MIN,A
        CJNE        A,#60,KEY20
        MOV         MIN,#00H
KEY20：  LCALL       DISPLAY
        JNB         SW3,KEY20
```

	LCALL	DISPLAY	
	JNB	SW3,KEY20	
KEY3：	SETB	SW4	
	JB	SW4,KRET	
	LCALL	DELAY	
	JB	SW4,KRET	
	MOV	A,MIN	
	DEC	A	;分钟变量减1
	MOV	MIN,A	
	CJNE	A,♯255,KEY30	;0减1等于255
	MOV	MIN,♯59	
KEY30：	LCALL	DISPLAY	
	JNB	SW4,KEY30	
	LCALL	DISPLAY	
	JNB	SW4,KEY30	
KRET：	RET		
CT0S：	PUSH	A	;保护现场
	MOV	TH0,♯04BH	;重新送定时器初值
	MOV	TL0,♯0FFH	
	DJNZ	R3,TIMEEND	;中断次数不足20次直接返回
	MOV	R3,♯20	;中断次数满20次为1 s重新送计数初值
	MOV	A,SEC	;秒增加1
	INC	A	
	MOV	SEC,A	
	CJNE	A,♯60,TIMEEND	
	MOV	SEC,♯00H	
	MOV	A,MIN	;秒满60 min 加1
	INC	A	
	MOV	MIN,A	
	CJNE	A,♯60,TIMEEND	
	MOV	MIN,♯00H	
	MOV	A,HOUR	;分钟满60,小时加1
	INC	A	
	MOV	HOUR,A	
	CJNE	A,♯24,TIMEEND	
	MOV	HOUR,♯00H	
TIMEEND：	POP	A	;恢复现场
	RETI		
			;BCD 码转换子程序,变量不大于60,

没有百位

```
BCD8421:   MOV        A,HOUR
           MOV        B,#0AH
           DIV        AB              ;除以10,商为十位,余数为个位
           MOV        HOUR_2,A
           MOV        HOUR_1,B
           MOV        A,MIN
           MOV        B,#0AH
           DIV        AB
           MOV        MIN_2,A
           MOV        MIN_1,B
           MOV        A,SEC
           MOV        B,#0AH
           DIV        AB
           MOV        SEC_2,A
           MOV        SEC_1,B
           RET
DISPLAY:                               ;显示子程序,P0口输出段码,P2口输
                                        出位码
           MOV        P2,#00H         ;显示小时的部分
           MOV        DPTR,#CHAR
           MOV        A,HOUR_2
           MOVC       A,@A+DPTR
           MOV        P0,A
           MOV        P2,#02H
           LCALL      DELAY
           MOV        A,HOUR1_1
           MOVC       A,@A+DPTR
           MOV        P0,A
           MOV        P2,#01H
           LCALL      DELAY
           MOV        A,MIN_2
           MOVC       A,@A+DPTR
           MOV        P0,A
           MOV        P2,#08H
           LCALL      DELAY
           MOV        A,MIN_1
           MOVC       A,@A+DPTR
           MOV        P0,A
           MOV        P2,#04H
```

```
          LCALL       DELAY
          MOV         A,SEC_2
          MOVC        A,@A+DPTR
          MOV         P0,A
          MOV         P2,#20H
          LCALL       DELAY
          MOV         A,SEC_1
          MOVC        A,@A+DPTR
          MOV         P0,A
          MOV         P2,#10H
          LCALL       DELAL
          RET
CHAR：     DB          0C0H,0F9H,0A4H,0B0H,99H,92H,82H,0F8H,80H,90H
                       ;共阳型字码表
          END
```

（4）仿真和烧写。

参考以上程序,编写时钟程序,用 WAVE6000 软件进行仿真调试,确认所有功能都正常后,将程序写入单片机后,按引脚号正确插入电子时钟电路板 IC1 插座。电路检查无误后,接上 5 V 电源,按 S1、S2、S3、S4 轻触式开关,调整时间,观察时钟运行结果,检查时钟走时是否准确。

💠　**想一想**

（1）若在时钟中增加两个按键,使其具备秒加 1、减 1 功能,硬件和程序该怎样更改?

（2）若电子时钟的数码管亮度不够,有什么解决办法?

（3）总结(见表 14-6)。

本次任务使自己学习到哪些知识,积累了哪些经验,记录下来以提升自己的技能水平。

表 14-6　工作总结

正确装调方法	
错误装调方法	
经验总结	

◆ 知识拓展

　　单片机和数码管配合可以组成很多计数显示器,比如八进制计数显示器、十六进制计数显示器、定时器或其他一些计数显示器等。试利用电子时钟的硬件电路,重新编写一段定时器程序。定时器最小显示单位为 0.01 s,最长计时 99 min,4 个按键分别实现启动、暂停、停止和清零功能。查阅相关资料,收集和参考单片机的时钟显示程序,赶紧制订计划并实施吧。

参 考 文 献

1　李广弟.单片机基础(修订本).北京:北京航空航天大学出版社,2001.

2　周坚.单片机轻松入门.北京:北京航空航天大学出版社,2004.

3　徐安,陈耀,李玲玲.单片机原理与应用.北京:希望电子出版社,2003.

4　张俊谟.单片机中级教程原理与应用.北京:北京航空航天大学出版社,2000.

5　肖金球.单片机原理与接口技术.北京:清华大学出版社,2004.